装配式建筑丛书

装配式混凝土建筑构件预制与安装技术

江苏省住房和城乡建设厅
江苏省住房和城乡建设厅科技发展中心　编著

U0346728

东南大学出版社
SOUTHEAST UNIVERSITY PRESS
·南京·

内 容 提 要

本书基于现行技术标准、结合编制组前期研究基础及生产实践经验,全面、系统地介绍了装配式混凝土建筑构件的预制与安装技术,内容涵盖了预制构件工厂规划与布置、材料、预制构件生产、预制构件储运、施工组织策划与设计、预制构件及材料进场验收、预制构件吊装、现场连接施工工艺及要求、质量验收、施工安全及未来展望。

本书涉及装配式混凝土建筑构件预制与施工全过程,知识体系清晰、完整,内容丰富、重点突出、图文并茂,可供装配式混凝土建筑工程从业人员及土木工程专业的高年级本科生、研究生参考。

图书在版编目(CIP)数据

装配式混凝土建筑构件预制与安装技术 / 江苏省住房和城乡建设厅,江苏省住房和城乡建设厅科技发展中心编著. —南京:东南大学出版社,2021.1
(装配式建筑丛书)
ISBN 978-7-5641-9235-8

I. ①装… II. ①江…②江… III. ①装配式混凝土结构-装配式构件-建筑安装 IV. ①TU37

中国版本图书馆 CIP 数据核字(2020)第 227967 号

装配式混凝土建筑构件预制与安装技术

Zhuangpeishi Hunningtu Jianzhu Goujian Yuzhi Yu Anzhuang Jishu

江 苏 省 住 房 和 城 乡 建 设 厅
江苏省住房和城乡建设厅科技发展中心 **编著**

出版发行	东南大学出版社
社　　址	南京市四牌楼 2 号　邮编:210096
出 版 人	江建中
责任编辑	丁　丁
编辑邮箱	d.d.00@163.com
网　　址	http://www.seupress.com
电子邮箱	press@seupress.com
经　　销	全国各地新华书店
印　　刷	南京玉河印刷厂
版　　次	2021 年 1 月第 1 版
印　　次	2021 年 1 月第 1 次印刷
开　　本	787 mm×1 092 mm　1/16
印　　张	13.25
字　　数	295 千
书　　号	ISBN 978-7-5641-9235-8
定　　价	78.00 元

序

　　建筑业是国民经济的支柱产业,建筑业增加值占国内生产总值的比重连续多年保持在6.9%以上,对经济社会发展、城乡建设和民生改善作出了重要贡献。但传统建筑业大而不强、产业化基础薄弱、科技创新动力不足、工人技能素质偏低等问题较为突出,越来越难以适应新发展理念要求。2020年9月,国家主席习近平在第七十五届联合国大会一般性辩论上表示,中国将提高国家自主贡献力度,采取更加有力的政策和措施,二氧化碳排放力争于2030年前达到峰值,努力争取2060年前实现碳中和。推进以装配式建筑为代表的新型建筑工业化,是贯彻习近平生态文明思想的必然要求,是促进建设领域节能减排的重要举措,是提升建筑品质的必由之路。

　　作为建筑业大省,江苏在推进绿色建筑、装配式建筑发展方面一直走在全国前列。自2014年成为国家首批建筑产业现代化试点省以来,江苏坚持政府引导和市场主导相结合,不断加大政策引领,突出示范带动,强化科技支撑,完善地方标准,加强队伍建设,稳步推进装配式建筑发展。截至2019年底,全省累计新开工装配式建筑面积约7800万 m^2,占当年新建建筑比例从2015年的3%上升至2019年的23%,有力促进了江苏建筑业迈向绿色建造、数字建造、智能建造的新征程,进一步提升了"江苏建造"影响力。

　　新时代、新使命、新担当。江苏省住房和城乡建设厅组织编写的"装配式建筑丛书",采用理论阐述与案例剖析相结合的方式,阐释了装配式建筑设计、生产、施工、组织等方面的特点和要求,具有较强的科学性、理论性和指导性,有助于装配式建筑从业人员拓宽视野、丰富知识、提升技能。相信这套丛书的出版,将为提高"十四五"装配式建筑发展质量、促进建筑业转型升级、推动城乡建设高质量发展发挥重要作用。

　　是以为序。

清华大学土木工程系教授(中国工程院院士)

2020年11月

丛 书 前 言

　　江苏历来都是理想人居地的代表,但同时也是人口、资源和环境压力最大的省份之一。作为全国经济社会的先发地区,截至 2019 年底,江苏的城镇化水平已达到 70.6%,超过全国同期水平 10 个百分点。江苏还是建筑业大省,2019 年江苏建筑业总产值达 33 103.64 亿元,占全国的 13.3%,产值规模继续保持全国第一;实现建筑业增加值 6 493.5 亿元,比上年增长 7.1%,约占全省 GDP 的 6.5%。江苏城乡建设将由高速度发展向高质量发展转变,新型城镇化将由从追求"速度和规模"迈向更加注重"质量和品质"的新阶段。

　　自 2015 年以来,江苏通过建立工作机制、完善保障措施、健全技术体系、强化重点示范等举措,积极推动了全省装配式建筑的高质量发展。截至 2019 年底,江苏累计新开工装配式建筑面积约 7 800 万 m^2,占当年新建建筑比例从 2015 年的 3% 上升至 2019 年的 23%;同时,先后创建了国家级装配式建筑示范城市 3 个、装配式建筑产业基地 20 个;创建了省级建筑产业现代化示范城市 13 个、示范园区 7 个、示范基地 193 个、示范工程项目 95 个,建筑产业现代化发展取得了阶段性成效。

　　目前,江苏建筑产业现代化即将迈入普及应用期,而在推进装配式建筑发展的过程中,仍存在专业化人才队伍数量不足、技能不高、层次不全等问题,亟需一套专著来系统提升人员素质和塑造职业能力。为顺应这一迫切需求,在江苏省住房和城乡建设厅指导下,江苏省住房和城乡建设厅科技发展中心联合东南大学、南京工业大学、南京长江都市建筑设计股份有限公司等单位的一线专家学者和技术骨干,系统编著了"装配式建筑丛书"。丛书由《装配式建筑设计实务与示例》《装配整体式混凝土结构设计指南》《装配式混凝土建筑构件预制与安装技术》《装配式钢结构设计指南》《现代木结构设计指南》《装配式建筑总承包管理》《BIM 技术在装配式建筑全生命周期的应用》七个分册组成,针对混凝土结构、钢结构和木结构三种结构类型,涉及建筑设计、结构设计、构件生产安装、施工总承包及全生命周期 BIM 应用等多个方面,系统全面地对装配式建筑相关技术进行了理论总结和项目实践。

　　限于时间和水平,丛书虽几经修改,疏漏和错误之处在所难免,欢迎广大读者提出宝贵意见。

编委会

2020 年 12 月

前　言

当前,我国装配式混凝土建筑处于高速发展期,虽然国家、行业及地方均出台了相关技术标准,用于指导构件生产与安装的工程实践,但由于标准自身特点限制,相关从业人员无法系统、全面地掌握构件生产与安装的知识体系,不可避免地造成了从业人员的知识盲区,不利于保证构件生产与施工质量,并进一步影响装配式混凝土建筑的品质与安全。

为促进装配式混凝土建筑在我省的良性、健康、可持续发展,本书编著团队围绕装配式混凝土建筑的构件与安装,开展本书的编制工作。本书共12章。第1章为装配式混凝土建筑的建造流程概述,简要介绍了国内装配式混凝土建筑的建造流程;第2章为预制构件工厂规划与布置,详细介绍了预制构件工厂的规划、生产线及工厂检测试验室;第3章为材料,详细介绍了混凝土、钢筋、套筒、起吊相关预埋件等材料要求,并给出了材料检测报告示例;第4章为预制构件生产,系统介绍了预制构件生产前准备、模具清理与组装、钢筋加工与安装、预埋件埋设、混凝土浇筑、振捣及养护、脱模、质量检查、标识等各道工序的技术要求,具体介绍了预制墙板、预制叠合板、预制柱、预制梁、预制楼梯、预制阳台及预制预应力构件等典型构件的生产工艺,对预制叠合板、预制墙板、预制楼梯等常见构件生产过程的问题进行了深入分析并给出了相应对策;第5章为预制构件储运,详细介绍了预制构件的存储要求、起吊要求及运输要求;第6章为施工组织策划与设计,详细介绍了预制构件工厂选择、施工现场布置设计与管理、施工机械选择与管理、施工进度计划与管理、劳动力配置与管理、预制构件及相关材料组织与管理及专项施工方案主要编制内容;第7章为预制构件及材料进场验收,系统介绍了预制柱、预制梁、预制叠合板、预制剪力墙等结构构件进场质量验收要求,外挂墙板、内隔墙、预制楼梯、预制阳台、空调板等非结构构件进场质量验收要求及灌浆料、座浆料、密封胶等连接材料进场验收质量要求;第8章为预制构件吊装,系统介绍了构件吊装一般流程,具体叙述了预制柱、预制梁、预制叠合板、预制剪力墙、外挂墙板、预制楼梯、预制阳台、空调板等常见构件吊装工艺;第9章为现场连接施工工艺及要求,系统介绍了灌浆套筒连接及浆锚搭接连接的灌浆连接施工工艺及要求和现浇混凝土施工工艺及要求,对预制构件现场连接施工常见问题进行了深入分析并给出了相应对策;第10章为质量验收,系统介绍了质量验收的一般规定及预制构件、安装与连接的具体质量验收要求;第11章为施工安全,具体介绍了一般安全要求、吊装作业安全要求和高空作业安全要求;第12章为未来展望,简要介绍了装配式建筑结构发展趋势、智能建造、产业工人及成本效益等方面内容。

本书知识体系完整、内容详尽、重点突出、图文并茂,便于从业人员全面掌握相关知识,可直接用于指导工程实践,并可作为高校及相关培训机构的教材。

　　本书由东南大学土木工程学院郭正兴、南京工业大学土木工程学院朱张峰、东南大学土木工程学院管东芝、江苏华江祥瑞现代建筑发展有限公司封剑森、江苏东尚住宅工业有限公司朱海清执笔完成。由于作者理论水平与实践经验有限,书中难免存在不足甚至谬误,恳请读者批评指正。

笔　者

目　　录

1 装配式混凝土建筑的建造流程概述 ·· 001

　　1.1 装配式混凝土建筑设计 ·· 001

　　1.2 预制构件生产与运输 ·· 002

　　1.3 预制构件安装 ·· 003

2 预制构件工厂规划与布置 ·· 005

　　2.1 预制构件工厂规划 ·· 005

　　2.2 预制构件生产线 ·· 006

　　　　2.2.1 移动模台生产线 ·· 007

　　　　2.2.2 固定模台生产线 ·· 015

　　　　2.2.3 钢筋加工生产线 ·· 017

　　　　2.2.4 预应力构件生产线 ·· 019

　　2.3 工厂检测试验室构成 ·· 022

　　　　2.3.1 人员 ·· 022

　　　　2.3.2 环境与设备 ·· 024

　　　　2.3.3 组织管理 ·· 027

3 材料 ·· 030

　　3.1 混凝土 ·· 030

　　3.2 钢筋 ·· 031

　　3.3 套筒 ·· 032

　　3.4 起吊相关预埋件 ·· 035

　　3.5 材料检测报告示例 ·· 037

4 预制构件生产 ·· 040

　　4.1 生产前准备 ·· 041

　　　　4.1.1 加工详图及生产方案编制 ·· 041

　　　　4.1.2 技术交底及人员培训 ·· 042

4.1.3　原材料及配件进场 ···································· 042

4.1.4　设备调试检查 ·· 042

4.2　模具清理与组装 ·· 042

4.2.1　模具清理 ·· 043

4.2.2　模具组装 ·· 044

4.2.3　涂刷脱模剂 ·· 046

4.2.4　涂刷水洗剂 ·· 046

4.3　钢筋加工与安装 ·· 047

4.3.1　钢筋配料 ·· 048

4.3.2　钢筋除锈 ·· 049

4.3.3　钢筋调直 ·· 049

4.3.4　钢筋切断 ·· 050

4.3.5　钢筋弯曲 ·· 050

4.3.6　钢筋加工质量检验 ···································· 051

4.3.7　钢筋焊接连接 ·· 051

4.3.8　钢筋机械连接 ·· 052

4.3.9　钢筋绑扎 ·· 055

4.3.10　钢筋网与钢筋骨架安装 ······························ 056

4.3.11　钢筋安装质量控制 ·································· 057

4.3.12　钢筋安装成品保护 ·································· 058

4.4　预埋件埋设 ·· 059

4.5　混凝土浇筑、振捣及养护 ·································· 062

4.5.1　混凝土浇筑 ·· 062

4.5.2　混凝土振捣 ·· 066

4.5.3　混凝土养护 ·· 067

4.6　脱模 ·· 069

4.7　质量检查 ·· 070

4.7.1　预制构件外观检查 ···································· 070

4.7.2　预制构件尺寸偏差 ···································· 071

4.7.3　其他检查 ·· 075

4.8　标识 ·· 076

4.9　典型预制构件生产 ·· 078

4.9.1　预制墙板 ·· 078

4.9.2　预制叠合板 ·· 084

4.9.3　预制柱 ･･･ 085

4.9.4　预制梁 ･･･ 086

4.9.5　预制楼梯、预制阳台等 ････････････････････････････ 087

4.9.6　预制预应力构件 ･･･････････････････････････････････ 088

4.10　预制构件生产常见问题及对策 ･････････････････････････ 089

4.10.1　预制叠合板的常见问题及对策 ･･････････････････ 090

4.10.2　预制墙板的常见问题及对策 ････････････････････ 091

4.10.3　预制楼梯的常见问题及对策 ････････････････････ 093

5　预制构件储运 ･･ 095

5.1　存储要求 ･･･ 095

5.1.1　卸货存放前准备 ･･･････････････････････････････････ 095

5.1.2　构件场内卸货存放基本要求 ･･･････････････････････ 095

5.2　起吊要求 ･･･ 096

5.2.1　起吊验算 ･･･ 096

5.2.2　起吊安全要求 ･････････････････････････････････････ 097

5.3　运输要求 ･･･ 098

5.3.1　运输车辆与司机 ･･･････････････････････････････････ 098

5.3.2　构件装车 ･･･ 099

6　施工组织策划与设计 ･･････････････････････････････････････ 102

6.1　预制构件工厂选择 ･･･････････････････････････････････････ 102

6.1.1　招标 ･･･ 102

6.1.2　实地考察 ･･･ 102

6.1.3　综合价格 ･･･ 105

6.2　施工现场布置设计与管理 ････････････････････････････････ 105

6.2.1　施工现场大门、道路 ････････････････････････････ 105

6.2.2　预制构件堆场 ･････････････････････････････････････ 106

6.2.3　施工现场卸车 ･････････････････････････････････････ 108

6.3　施工机械选择与管理 ････････････････････････････････････ 108

6.3.1　预制构件起重设备选型 ････････････････････････････ 108

6.3.2　预制构件起重设备在施工现场的布置与管理 ･･･････ 109

6.4　施工进度计划与管理 ････････････････････････････････････ 109

6.4.1　施工进度计划的分类 ･･････････････････････････････ 110

6.4.2 合理施工程序和顺序安排的原则 ································ 110

6.4.3 施工进度优化控制 ························ 112

6.5 劳动力配置与管理 ························ 113

6.5.1 劳动力组织管理 ························ 113

6.5.2 构件堆放专职人员组织管理 ························ 114

6.5.3 吊装作业劳动力组织管理 ························ 114

6.5.4 灌浆作业劳动力组织管理 ························ 114

6.5.5 劳动力组织技能培训 ························ 114

6.6 预制构件及相关材料组织与管理 ························ 114

6.6.1 材料、预制构件管理内容和要求 ························ 114

6.6.2 材料、预制构件运输控制 ························ 115

6.6.3 大型预制构件运输方案 ························ 116

6.7 专项施工方案主要编制内容 ························ 116

6.7.1 编制依据、范围 ························ 116

6.7.2 工程概况 ························ 116

6.7.3 总体部署和工期安排 ························ 117

6.7.4 资源配置 ························ 117

6.7.5 主要技术方案 ························ 118

6.7.6 质量、安全、文明施工、工期保证措施 ························ 118

6.7.7 应急预案 ························ 120

7 预制构件及材料进场验收 ························ 121

7.1 结构构件进场验收质量要求 ························ 122

7.1.1 预制柱 ························ 122

7.1.2 预制梁 ························ 125

7.1.3 预制叠合板 ························ 128

7.1.4 预制剪力墙 ························ 130

7.2 非结构构件进场验收质量要求 ························ 132

7.2.1 外挂墙板 ························ 132

7.2.2 内隔墙 ························ 134

7.2.3 预制楼梯 ························ 134

7.2.4 预制阳台、空调板等 ························ 136

7.3 连接材料进场验收质量要求 ························ 137

7.3.1 灌浆料 ························ 137

　　　7.3.2　座浆料 ·· 139

　　　7.3.3　密封胶等 ·· 140

8　预制构件吊装 ·· 143

　8.1　一般流程 ·· 143

　　　8.1.1　确认吊装条件 ·· 143

　　　8.1.2　正式吊运 ·· 148

　　　8.1.3　调整与临时固定 ·· 149

　8.2　构件吊装工艺 ··· 149

　　　8.2.1　预制柱 ·· 149

　　　8.2.2　预制梁 ·· 151

　　　8.2.3　预制叠合板 ·· 153

　　　8.2.4　预制剪力墙 ·· 154

　　　8.2.5　外挂墙板 ·· 156

　　　8.2.6　预制楼梯 ·· 157

　　　8.2.7　预制阳台、空调板等 ·· 158

9　现场连接施工工艺及要求 ·· 160

　9.1　灌浆连接施工 ··· 160

　　　9.1.1　灌浆套筒连接灌浆 ·· 160

　　　9.1.2　浆锚搭接连接灌浆 ·· 165

　9.2　现浇混凝土施工 ··· 166

　　　9.2.1　现场模板工程 ·· 166

　　　9.2.2　现场钢筋工程 ·· 169

　　　9.2.3　现场混凝土工程 ·· 171

　9.3　预制构件现场连接施工常见问题及对策 ···································· 171

10　质量验收 ·· 175

　10.1　一般规定 ·· 175

　　　10.1.1　验收对象划分 ·· 175

　　　10.1.2　验收组织 ·· 176

　　　10.1.3　验收要求 ·· 176

　　　10.1.4　首段验收制 ·· 177

　10.2　预制构件 ·· 178

10.2.1　资料性内容 ··· 178

10.2.2　检查内容 ··· 179

10.3　安装与连接 ·· 180

10.3.1　预制构件安装 ··· 180

10.3.2　预制构件连接 ··· 181

10.3.3　钢筋套筒灌浆和钢筋浆锚连接 ··································· 182

11　施工安全 ··· 184

11.1　一般安全要求 ·· 184

11.2　吊装作业安全要求 ·· 185

11.3　高空作业安全要求 ·· 186

11.3.1　基本要求 ··· 186

11.3.2　外围护系统 ··· 186

12　未来展望 ··· 187

12.1　装配式建筑结构发展趋势 ··· 187

12.2　智能建造 ··· 188

12.2.1　智能规划和设计 ··· 188

12.2.2　智能施工 ··· 189

12.2.3　智能运维和管理 ··· 190

12.3　产业工人 ··· 190

12.4　成本效益 ··· 192

参考文献 ··· 196

1 装配式混凝土建筑的建造流程概述

在建筑行业亟待转型升级的行业背景条件下,建筑工业化成为重要发展方向,而装配式混凝土建筑则是实现建筑工业化的重要抓手,近年来在国内得到了快速发展与普遍推广。与传统现浇混凝土建筑有所区别,构件预制与安装是装配式混凝土建筑建造流程中特殊且重要的环节,为掌握相关技术,有必要对装配式建筑的设计、构件生产与运输及安装的全部建造流程有所了解。因此,本章对装配式建筑的主要建造流程进行简要介绍。

装配式混凝土建筑与工业化生产深度融合,建筑工业化生产方式可彻底消除传统现浇混凝土建筑设计、施工、装修等建造环节之间相互割裂的问题,突出标准化设计、工厂化生产、装配化施工、一体化装修和信息化管理等建筑工业化典型特征,强化了建筑、结构、设备、暖通、给排水等不同专业的协同,提高质量、提高效率、减少人工、减少消耗,可从根本上克服传统建造模式的不足,并有力促进建筑行业的转型升级。

与传统现浇混凝土建筑的建造流程不同,装配式混凝土建筑的建造流程主要分为设计、预制构件生产、预制构件运输和预制构件安装等重要环节。

1.1 装配式混凝土建筑设计

传统现浇混凝土建筑设计是一个相对独立的过程,未充分考虑施工、装修等实际需求,而导致现场经常发生不同专业管线碰撞、墙体需开槽开洞以便安装线盒或管线等,由于现浇混凝土建筑建造特点,此类工程问题往往通过设计变更形式进行一定的优化与调整以较好地解决现场问题。装配式混凝土建筑的设计起到统领全局的作用,对后续的预制构件生产及安装等具有决定性的影响。但同时应意识到,由于装配式混凝土建筑的特点,其设计过程必须要考虑预制构件生产、运输及安装环节的具体情况,如构件生产工艺设备条件、构件运输尺寸及重量限制、构件吊装重量限制等,而一旦忽略某一重要因素,再更改的可能性几乎没有,势必对整个工程造成不可估量的影响,因此,装配式混凝土建筑的设计应充分发挥多专业协作优势,实现协同设计。

装配式混凝土建筑设计,主要包括前期技术策划、建筑方案设计、扩大初步设计、施工图设计、构件深化设计、一体化装修设计等,在这一系列过程中,建筑方案设计虽从技术策划角度起到落实作用,但对后续工作起到总领作用,是设计流程的关键工作。

装配式混凝土建筑设计应符合"四节一环保"的绿色建筑标准,同时,应尽可能实现构件标准化、模数化,降低工厂生产成本,并通过标准构件"少规格、多组合"满足不同建筑使用主体的个性化需求;应尽量实现构件轻量化,降低对现场安装设备能力的要求,提高易操作性,提高现场安装施工效率;合理规划预制与后浇,减少现场砌筑工程量,实现零抹灰。

预制构件深化设计是装配式混凝土建筑设计流程的重要且必不可少的环节,通过深化设计,可将生产阶段的问题提前至设计阶段解决,可将施工阶段的问题提前至设计、生产阶段解决,是充分发挥协同设计效率、提高工业化生产效率、降低成本、统筹施工的重要途径。在预制构件深化设计过程中,除应考虑所采用的结构体系与技术体系外,尚应充分考虑生产设备、运输设备、起重设备、吊装顺序、临时支撑及固定方式、模板体系以及外围护设施等各种因素,确保预制构件优质生产、高效施工。

1.2 预制构件生产与运输

预制构件的生产与运输,是装配式混凝土建筑区别于传统现浇混凝土建筑建造最突出的环节。

预制构件工厂化生产是建筑工业化和住宅产业化的重要组成部分,主要是通过工业化生产方式,在预制工厂的车间内的流水生产线上通过一系列自动化机械设备生产各种建筑类型的预制构件。预制构件生产是装配式混凝土建筑建造流程中的关键环节,建筑整体质量首先取决于预制构件本身的质量。不同构件的形状、尺寸、组成、生产方式都不尽相同,为实现构件设计、保证构件质量,需要完备的构件生产线和配套的工艺流程。

预制构件的工厂化生产主要经过模板支设、钢筋绑扎、浇筑混凝土及养护等主要工序,结合预制构件工厂化生产特点,具体生产工艺流程参见图1.1。

预制构件的运输流程主要涉及构件存储及物流方面的问题,且往往会直接影响装配式混凝土建筑产业决策,如合理的运输半径问题,不仅影响项目预制构件的合理来源,也决定了预制构件工厂的科学选址。预制构件运输过程中,应根据不同构件特点,合理确定运输方案(立式运输或平层叠放运输)、存储方案(储存架、平层叠放、散放等),设计并制作专用运输架,验算构件强度并做好成品保护,确定合理的运输路线,尤其应重视构件成品保护,因为一旦在存储、运输环节预制构件遭到损坏,其发现往往不够及时,且修补程序较为复杂,将直接耽误工期,造成经济损失,甚至可能引发系列质量安全隐患。

当前,我国预制构件专用运输设备研发尚显不足,专业运输水平较为落后,同时,受到既有道路、交通运输政策限制明显,因此,为充分提高预制构件运输效率,有待专用运输设备的积极研发以及相关政策的适当调整与支持。

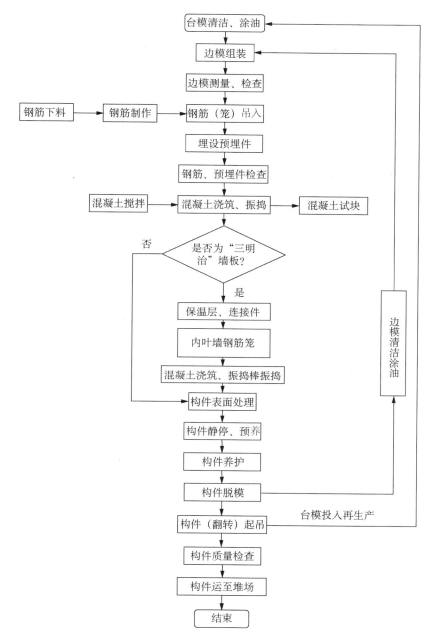

图 1.1 预制构件工厂化生产流程

1.3 预制构件安装

预制构件安装,是装配式混凝土建筑建造流程的核心环节,其安装效率与质量将直接决定工程工期、成本及质量。预制构件现场安装工作主要包括预制构件的安装、连接以及后浇混凝土施工。由于装配式混凝土建筑对预制构件的安装精度与质量要求较高,施工现场应尽量实现高精度机械化安装,代替传统人工,提高现场施工效率与质量。同时,对预制构件吊装在注重质量的同时,应重视安全施工,包括作业区安全维护与标识、安全教育与交底、吊装安全(吊装令制度)、临边防护、设备保养等,确保不致发生安全事故。

　　装配式混凝土建筑工程预制构件现场安装一般流程见图1.2。预制构件时在工厂预先生产、现场进行组装,安装时要求较高的精度,且预制构件具有唯一性,一旦某个构件有缺陷,势必对整个安装工程质量、进度、成本造成直接影响,因此,进场验收是重要的且必不可少的环节,预制构件进场时必须有预制构件工厂的质量合格证明文件或质量检验记录。预制构件应验收合格后方可进入现场堆放,并尽量减少现场堆放量,能直接进入吊装程序的构件,尽量避免在现场存放。现场堆放应合理布置堆放场地,减少不必要的二次搬运,存放时应按吊装顺序、规格、品种、使用部位等分区存放,留足通道净空间,并确定不同类型构件的堆放方式。从吊装准备直至后浇混凝土浇筑,是现场施工操作的内容,具体来讲,涉及的主要工作包括:弹线定位;标高测量;竖向预制构件(墙、柱)吊装;竖向预制构件(墙、柱)临时支撑;竖向预制构件平面位置及垂直度校准;套筒/浆锚灌浆;搭设叠合梁、板底支撑;吊装叠合梁;吊装叠合板;后浇混凝土部位(墙、柱、叠合梁、叠合板)钢筋绑扎、支模;后浇混凝土浇筑、养护等。

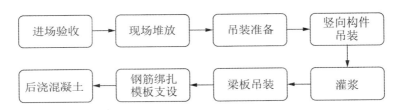

图 1.2　预制构件现场安装流程

　　为提高施工效率,套筒/浆锚灌浆、叠合梁和叠合板吊装、后浇混凝土部位钢筋绑扎及模板支设等工作可以平行或穿插施工,如在进行套筒/浆锚灌浆的同时,可以进行叠合梁吊装准备工作,搭设叠合梁底支撑,绑扎后浇混凝土部位钢筋等。

　　本章简要介绍了装配式混凝土建筑的设计、构件生产与运输和构件安装的建造流程,突出了装配式混凝土建筑建造流程关联性更强的特点,重点叙述了预制构件工厂化生产流程和现场安装流程,使得读者对装配式混凝土建筑构件预制与安装技术有一个宏观的认识。

2 预制构件工厂规划与布置

预制构件工厂是装配式混凝土建筑构件预制的重要载体,其规划与布置是否合理,将直接影响工厂的产能、构件生产的质量与效率。一般而言,预制构件工厂的规划与布置主要涉及厂区选址及功能区块分布的规划、不同工艺生产线的选择与组合以及工厂检测试验室的建设等内容,因此,本章对预制构件工厂规划原则、预制构件生产线工艺特点及设备、工厂检测试验室构成要求进行重点叙述。

2.1 预制构件工厂规划

构件工厂总占地面积一般不得少于 50 000 m², 年实际产能宜大于 3 万 m³。工厂应采用现代化流水线生产模式进行预制叠合板、预制墙板的生产。部分构件如凸窗、空调板、阳台板、楼梯、柱、梁可采用固定模台或独立模具生产。厂址选择应做到技术上可行,社会效益、经济效益和环境效益良好。厂址应在进行多厂址比较后择优确定。厂址选择阶段应重点对以下几个方面进行深入的调查研究和分析评价:①厂址安全;②产业战略布局;③周边环境现状及环境污染敏感目标;④当地城市规划和工业区规划情况;⑤当地土地利用总体规划及土地供应条件;⑥当地自然条件(气象、水文、地形、地质、地震等);⑦交通运输条件;⑧原料供应及产品的外销;⑨燃料、水、电、汽等供应或依托条件;⑩防洪排涝措施;⑪废渣、废料的处理以及废水的排放;⑫地区协作及社会依托条件;⑬施工建设期间的技术和经济条件;⑭未来发展。

PC 工厂整体由构件生产区、构件成品堆放区、办公区、生活区、相应配套设施等组成,具体可分为 PC 生产厂房、办公研发楼、成品堆场、混凝土原材库、成品展示区、试验室、锅炉房、钢筋及其他辅材库房、配电室、宿舍楼、餐饮楼等。工厂的总平面设计应根据厂址所在地区的自然条件,结合生产、运输、环境保护、职业卫生与劳动安全、职工生活,以及电力、通信、热力、给排水、防洪和排涝等设施,经多方案综合比较后确定。工厂根据土地情况及项目生产工艺需求以及企业未来发展要求,总图布置方案应满足以下几点原则:功能分区明确,人流、物流便捷通畅;生产工艺流程顺畅、简捷,为以后扩产提供方便;绿化系数较高,厂区舒适、美观。生产主要功能区域包括原材料储存、混凝土配料及搅拌、钢筋加工、构件生产、构件存放和试验检测等,在总平面设计上,应做到合理衔接并符合生产流程要求。应以构件生产车间等主要设施为主进行布置,构件流水线生产车间宜条形布置,应根据工厂生产规模布置相适应的构件成品堆场。生产附属设施和生活服务设施应根据社会化服务原则统筹考虑。变电所及公用动力设施的布置,宜位于负荷中心。建筑物、构筑物之间及其与铁路、道路之间的防火间距,以及消防通道的设置,应符合《建筑设计防火规范》(GB 50016—2014)等有关的规定。原材料物流的出入口以及接收、贮存、转运、使用场所等应与办公和生活服务设施分离,易产生污染的设施宜设在办公区和生活区的常年主导风向下风向。人流和物流的出入口设置应符合城市交通有关要求,实现人流和物流分离,避免运输货流与人流交叉。应方便原材料、产品运输车进出,尽量减少中间运输环节,保证物流顺畅,径路短捷,不折返、不交叉。应结合当地气象条件,使建筑物具有良好的朝向、采光和自然通风条件。分期建设应统一规划,近期工程应集中、紧凑、合理布置,并应与远期工程合理衔接。

2.2 预制构件生产线

国内常见的预制构件生产线主要包括移动模台生产线(自动化程度较低的流水线)和固定模台生产线,并配套有钢筋加工生产线。若涉及预制预应力构件的生产,尚需配置预应力构件生产线。

国际上常见的预制构件生产线主要包括自动流水生产线和固定模台生产线,其中,自动流水生产线实质是高度自动化的移动模台生产线,通过计算机软件系统控制,将移动模台生产线和钢筋加工生产线无缝串联,实现图样输入、模板自动清理、机械手画线、机械手组模、脱模剂自动喷涂、钢筋自动加工、钢筋机械手入模、混凝土自动浇筑、机械自动振捣、计算机控制自动养护、翻转机自动翻转、机械手抓取边模入库等全部工序均由机械自动完成,最大程度减少人工,实现彻底的自动化、智能化。但是,流水线高度自动化也带来了产品形式固定的问题,当前一般只能用于生产叠合楼板、双面叠合墙板及不出筋的实心墙板,与我国装配式混凝土建筑的预制构件需求有很大出入,使得其适用范围严重受限,且该类生产线一次性投入较大,需要较高的管理水平和技术要求,因此,对其引进投产应持慎重态度。

对于新建预制工厂,选择构件生产线工艺应遵循以下原则:

(1)根据目标市场需求的产品定位确定生产产品类型。如工厂可定位为专业生产墙板类构件或梁柱类构件,工业产品目标集中、专业化强,投资目标明确,可最大程度利用资本和技术。

(2)根据市场规模,确定生产产品的产能,根据产能再确定生产工艺。

(3)考虑投资金额、土地和厂房等的限制。

(4)根据土地性质,如购买或租赁,决定生产线一次性投入。

(5)时间成本的考虑,如想快速投产并进入市场,可以选择投资较少、启动灵活、见效快的方案,如固定模台生产线,而移动模台生产线涉及采购、组装及调试过程,一般周期较长,会影响工厂投产时间。

(6)灵活的方案选择,长远规划可按自动化流水生产线,前期可采用固定模台工艺,固定模台按照流水生产线上兼容的规格型号采购,根据市场情况就工厂运营情况逐步升级。

对于新建预制工厂,构件生产线工艺可采用单一工艺或多工艺灵活组合方案,例如:

(1)单固定模台生产线工艺。固定模台工艺可生产各种构件,灵活性强,适应各类实际工程。

(2)单移动模台生产线工艺。专业生产标准化的板式构件,如叠合楼板等。

(3)单移动模台生产线工艺+部分固定模台生产线工艺。移动模台生产板式构件,设置部分固定模台生产复杂构件。

(4)双移动模台生产线工艺。布置两条移动模台生产线,各自生产不同的产品,均发挥最高效率。

(5)预应力生产线工艺。在有预应力构件(如预制预应力底板、预制预应力叠合梁)需求时才上预应力生产线。当市场需求量较大时,可以建立专业工厂,仅生产预应力构件,也可以作为其他生产工艺工厂的附加生产线。

2.2.1 移动模台生产线

(1)简介

移动模台生产线,可以说是参考国际主流的自动化流水生产线和固定模台生产线而形成的折中方案,以适应我国预制构件预留预埋及周边复杂出筋的要求,同时,尽可能利用机械、减少人工、提高质量与效率。

移动模台生产线是典型的流水生产组织形式,是劳动对象按既定工艺路线及生产节拍,依次通过各个工位,最终形成产品的一种组织方式,适用于厚度小于 400 mm 的板式构件、标准构件的流水节拍作业,产能效率较高,其适用的构件主要包括非预应力叠合楼板、剪力墙板、内隔墙板以及标准化的装饰保温一体化墙板等。

移动模台生产线可以实现集中养护,节约能源,降低能耗;机械化程度高,可实现程序控制;工序衔接紧凑,用人较少,可提高生产效率;可以实现专业化作业,提高劳动效率;产品生产成本低。但尚存在前期设备投入成本高,后期设备维护成本高;对构件外形要求高,宜生产板类构件,且厚度不宜过大;对生产管理、生产计划要求高,防止资源浪费。

移动模台生产线(图 2.1)是将标准定制的钢模台(尺寸规格一般为 4 m×9 m)放置在滚轴、轨道或摆渡车上移动,作为承载平台和构件底模使用。移动模台由一个喷防腐涂料的钢结构底架和一个表面经打磨抛光的高平整度钢板面板组成,为了增加面板的防锈效果,也有采用不锈钢碳钢复合面板的。整个流水线一般分为清理、画线、喷油、支模、绑扎、预埋、浇筑、振捣、赶平(拉毛)、预养、抹光、养护、拆模等工位,生产工人在各自工位完成各自工作任务。具体来讲,移动模台生产线的流动过程为:首先在组模区组模;然后移动到放置钢筋和预埋件的工位,进行钢筋和预埋件入模作业;再移动到浇筑振捣工位进行混凝土浇筑;浇筑完成后,模台下的平台振动,对混凝土进行振捣,必要时采用人工振捣棒辅助;模台移动到养护窑进行加热养护;养护结束出窑后,移动至脱模区脱模,构件在翻转台翻转后起吊或直接起吊,运送至构件存放区。

图 2.1　移动模台生产线

（2）工艺设计

移动模台生产线应按预制构件制造工艺原理，结合生产计划及预制场地情况进行总体设计，选择场内生产设施和辅助设施的合理位置及其管理方式，尽量做到前后工序衔接流畅、物料合理、生产规模满足工期并适度预留余量，使各种物资资源能以最高效率组合成为合格预制产品，即通过移动模台生产线的合理布置实现其高产能、高质量。

移动模台生产工艺流程见图 2.2，其基本工位有模台清扫、画线、喷涂脱模剂、组装模具、钢筋入模、浇筑混凝土（振捣）、拉毛或抹平、养护、翻转脱模等。

生产线流水节拍是影响产能的最直接因素，是指按照工艺设计时规定的单位时间内自动化生产线完成的一次联动，如此重复，最终实现生产线流水作业。制约生产线节拍的因素很多，如设备工作效率、各生产工序的工位数量、生产线工人操作熟练程度等。条件允许的情况下，生产节拍可以调整，如可通过增加或减少工序工位数量调整生产线节拍，设备工作效率则需要设备厂家通过设计和实践验证后逐步提高。目前对生产线节拍影响最大的设备是码垛机（完成养护窑送入和取出模台），对于墙板构件，码垛机完成送入和取出模台一个完整工作循环时间为 12～13 min（最大行程情况下），为追求产能最大化，墙板构件生产线节拍一般设计为 15 min；对于叠合楼板类构件，由于预制楼板厚度较小，在保证养护时间的前提下，立体养护窑高度会比墙板构件生产线低，码垛机完成送入和取出模台一个完整工作循环时间为 8～9 min（最大行程情况下），为追求产能最大化，墙板构件生产线节拍一般设计为 10 min。

根据生产线设计节拍，合理分配各工序工位数量，可最终形成完整的移动模台流水生产工艺。其中，工序工位数量一般按照确定的生产节拍，并根据实际生产经验得出的各工序操作时间确定，例如生产线节拍设计为 15 min，生产熟练工人拆模工序实际需要 40 min，则生产线需要设计 3 个拆模工位。

生产线产能核算是计算其年最大产能，下面举例说明墙板生产线和叠合楼板生产线的设计产能。墙板生产线设计节拍 15 min，叠合楼板生产线设计节拍 10 min；模台设计尺寸为 10 m×3.5 m，可以同时生产 2 块墙板或叠合楼板，即每小时完成 8 块墙板或 12 块

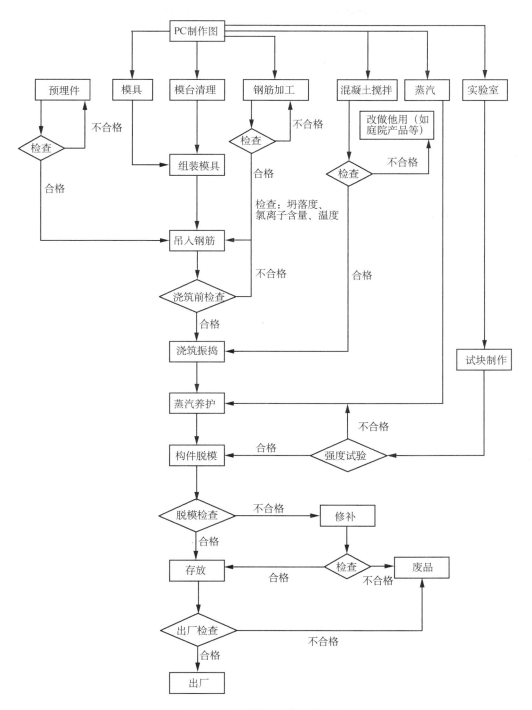

图 2.2　移动模台生产工艺流程

叠合楼板;住宅层高按 2.9 m、开间尺寸为 3.6~4.2 m,深化设计后墙板尺寸高 2.74 m、长 3.4~4.0 m(取大值 4.0 m)、厚 0.31 m、洞口尺寸 1.8 m×1.5 m;叠合楼板尺寸长 4.0 m、宽 2.5 m、厚 0.06 m;生产线日有效工作时长 20 h,全年有效工作天数 300 d。

按照上述基本条件对生产线产能进行核算,同时考虑综合反映时间利用系数、设备利用系数、日生产不平衡系数的综合调整系数,并按经验取值为墙板生产的综合系数取 0.3,叠合楼板生产的综合系数取 0.5,核算过程如下:

墙板生产线:$0.3 \times 300 \times 20 \times 8 \times (2.74 \times 4 \times 0.31 - 1.8 \times 1.5 \times 0.31) = 3.69(万 \ m^3)$

叠合楼板生产线:$0.5 \times 300 \times 20 \times 12 \times 4 \times 2.5 \times 0.06 = 2.16(万 \ m^3)$

(3)生产线设备

移动模台生产线所需配置设备见表 2.1,其中,除备注说明的可选项目外,钢筋网片加工中心、钢筋网片运输系统及桁架放置系统为可选设备,当需提高生产线自动化程度,形成自动流水生产线时应配置。

表 2.1　移动模台生产线配置设备

序号	设备名称	功能及选用点
1	中央控制系统	控制设备运转
2	清理装置	清理模台上的残余混凝土,可选项目
3	画线机	模板上画线定位模具及预埋件等,可选项目
4	喷涂机	喷涂脱模剂,可选项目
5	布料机	混凝土布料
6	振捣系统	360°振捣
7	叠合板拉毛机	拉毛,可选项目
8	抹平机	混凝土表面抹平,可选项目
9	码垛机	码垛
10	养护窑	混凝土蒸汽加热养护
11	翻转设备	生产双面叠合墙板,可选项目
12	倾斜装置	翻转墙板脱模用
13	模台运转系统	移动模台
14	钢筋网片加工中心	钢筋网片自动加工
15	钢筋桁架加工系统	钢筋桁架自动加工
16	钢筋成品运输系统	钢筋网片及钢筋桁架自动运输至模板内

① 中央控制系统

中央控制系统用于监控和控制整个流水线循环过程,对模台的运动过程进行有效的安排和控制,对所有运行数据和运输过程实现优化,并能够实现故障信息自动检测和传输,通过远程维护模块进行实时分析和排除。所有信息都汇至中央控制中心,并由中央控制中心发出指令控制生产线沿途各个工艺。

中央控制系统可划分为若干个智能体,再把多个单智能体组成一个智能群体,并使各智能体能够有效地协作协调。依据实际混凝土预制机构控制系统的工艺要求和功能,在智能体辨识和建模的基础上,采用集中和分布相结合的异构混合型方式构建基于多智能体的混凝土预制机构控制系统结构模型。

多智能体协同控制系统在有限时间和资源的约束下,可解决任务调配、动作协调、化解冲突等协作协调问题。基于多智能体的混凝土预制机构控制系统,可分析各智能体行为之间的相互影响程度,定位各智能体之间的相互约束条件,满足每个智能体对其他相关智能体的解耦或补偿的期望要求,并建立相应的协作、协调机制或方法。

② 清理装置

模台清理装置用于清理模板平面和模板边缘残留的混凝土。在模板清洁过程中,先用一个可以翻转的刮板,清扫模板平面上残余的混凝土,进行粗略清洁;然后,通过侧面旋转的圆刷,清扫侧面模板;最后,通过旋转板刷再次清扫模板平面。

③ 画线机

画线机(图 2.3)用于在底模上快速而准确画出边模、预埋件等的位置,提高放置边模、预埋件的准确性和速度。

图 2.3 画线机   图 2.4 布料机

④ 喷涂机

喷涂装置用于将脱模剂喷洒在模板表面,可以在整个模板平面或仅在用来制作预制构件的那部分平面上喷洒脱模剂,有固定式和移动式两种喷涂装置可以选择,主要由机架、喷涂控制系统、喷涂装置及收集箱等组成,其中收集箱用于脱模剂的回收。

⑤ 布料机

布料机(图 2.4)把混凝土浇筑到已装好边模的模板内,根据制作预制构件强度等方面的需要,把混凝土均匀、定量地摊铺在模板上边模构成的预制构件位置内。布料机采用整幅布料,布料速度快且操作简便。布料机料斗容积可设计,行走速度、布料速度均可调。混凝土布料机的操作,可根据所需的自动化程度采用手动式或者自动化操作。

⑥ 振捣系统

振捣系统(图 2.5)将布料完成后的模台中混凝土振捣密实,消除混凝土内部的气泡,根据实际需要,可实现上下、左右振动,离心振动,复合振动等。

图 2.5　振捣系统　　　　　　　　　图 2.6　叠合板拉毛机

⑦ 叠合板拉毛机

叠合板拉毛机(图 2.6)是对构件上表面进行拉毛处理,使混凝土表面形成要求的粗糙面,一般用于叠合楼板构件,并可根据预制构件混凝土厚度及要求的粗糙面凹凸差,降至指定的高度以形成深度符合要求的凹槽。

⑧ 抹平机

抹平机(图 2.7)主要使预制构件可视面的平滑程度达到最高要求。该系统采用垂直升降机精细抹平装置,主要由一个用于粗略抹平的整平圆盘和一个用于精细抹平的翼型抹平器组成。同时,该装置带有水平矫正板精细抹平装置,主要配合外部振动器,根据需要将混凝土层振动密实后,进行进一步抹平。

图 2.7　抹平机

⑨ 码垛机

码垛机(图 2.8)用于在养护窑内存取模台。模台板浇筑好混凝土后被运送到养护架进行固化,预制构件的堆垛通过全自动电脑控制的堆垛机械和提升设备进行。为了最优化利用车间面积,模台板叠放在垛架内,并通过堆垛机械和提升设备,运至所需的架层,运入或运出。混凝土构件经过固化后,从养护窑设备中运出,由提升横梁把固化好的构件从模板托盘中取出。根据构件类型,以水平或垂直状态提取构件。

图 2.8　码垛机

图 2.9　养护窑

⑩ 养护窑

养护窑(图 2.9)采用分布式养护室,可实现系统化、智能化、自动化,为成套设备混凝土标准养护提供条件,其功能主要包括:养护室采用环行管道微孔送风和管道送雾,雾化密度高、雾点分布均匀,能够保证构件获得更好的养护效果;制冷与制热设备放置在养护室外部,以避免潮湿空气对设备的腐蚀,延长设备的使用寿命,降低故障率,提高设备的可靠性;制热采用电热与热泵结合的方式,制冷系统采用变频技术;采用高频震荡单头超声波雾化加湿器,设备性能稳定,可将水雾化为超微粒子,通过风动装置,将水雾扩散到空气中,具有喷雾均匀细腻、无噪音、节能、省电等优点;养护室采用易于操作的温湿度控制器,温度、湿度可实现精确控制。

⑪ 翻转设备

翻转设备(图 2.10)用于生产双面叠合墙板,即将先预制并养护完成的一叶墙板起吊并翻转 180°,再扣入另一页墙板中,形成双面叠合墙板。

图 2.10　翻转设备

图 2.11　倾斜装置

⑫ 倾斜装置

倾斜装置(图 2.11)把养护完成的预制构件以垂直或倾斜状态从模板上卸出(脱模),以便于运输到安装工地,根据需要可选择具备向下移动功能的倾卸装置。

⑬ 模台运转系统

模台运转系统(图 2.12)用于模台在生产线上的移动。由支撑轮、驱动轮及感应防撞装置共同构成流水线的循环系统,用于保证模台的平稳动作,必要时可设置横移车以协助流水线上台模转向。支撑轮由钢底座和滚轮组件组成。驱动轮由减速电机、摩擦轮及减速机座组成,摩擦轮材质为定制耐磨橡胶,具有较高的摩擦力和耐磨性,使用寿命长。支撑轮安装有润滑油嘴,可方便加注润滑油。驱动轮用于协调模台在各工位之间流转,生产线上各个工位的驱动系统可单独控制。各工位均配置有感应防撞装置,用于检测模台的位置,实现各工位的启停及与其他设备的配合工作。驱动系统可采用自动或手动控制。

| 图 2.12 模台运转系统 | 图 2.13 钢筋网片加工系统 |

⑭ 钢筋网片加工系统

钢筋网片加工系统(图 2.13)用于批量化生产钢筋网片。设备组成包括竖丝进料装置(人工穿丝或者自动送经小车);横丝落料装置(落料料斗自动落料,优质步进电机控制);焊接部分(上下电极为铜块,连接线为铜排,水冷变压器,斜齿轮减速机等);拉网装置(伺服电机控制);自动落网装置(气缸控制)和电控柜(PLC,驱动器,接触器,变频器,触摸屏等)。采用电力电子同步控制技术,控制系统采用 PLC 可编程控制器,操作界面采用触摸屏和按钮控制,工作方式简单,操作更加智能化、人性化。加工系统主机为框架结构,使主体结构更为牢固、紧凑,性能稳定,焊接压力连续可调,焊点牢固、美观。水冷焊接变压器采用了新型焊网变压器,扩大了焊接丝径范围;专业设计上下电机块,磨损率低,并可多面使用。焊接采用一次压紧分控送点的方法,即在焊接同一排纬丝时,将焊接变压器分开工作,以减小对电力变压器的容量要求并减小电流冲击。

⑮ 钢筋桁架加工系统

钢筋桁架通常是由下弦钢筋、上弦钢筋焊接而成。钢筋桁架加工系统(图 2.14)的设备主要由钢筋装料架、预矫直装置、钢筋蓄料装置、钢筋精矫直装置、上弦钢筋扭曲矫正装置、钢筋打弯装置、钢筋输送装置、200 mm 节距定位装置、钢筋焊接装置、腹杆底脚折弯装置、钢筋切断装置、码垛装置、电控系统、液压系统、冷却系统等组成。

图 2.14 钢筋桁架加工系统

图 2.15 钢筋成品运输系统

⑯ 钢筋成品运输系统

钢筋成品运输系统(图 2.15)将制作完成的钢筋网片或钢筋桁架等成品运送至模板的指定位置,一般由机械手完成,要求足够的位置精度与运输效率。

2.2.2 固定模台生产线

(1)简介

固定模台生产线(图 2.16)包括模台、混凝土布料机、插入式振动器及构件养护系统等。根据生产规模的要求,在厂房内布置一定数量的固定模台,组模、放置钢筋与预埋件、浇筑振捣混凝土、养护构件和脱模都在固定模台上进行。固定模台生产工艺,模具是固定不动的,作业人员和钢筋、混凝土等材料在各个固定模台间移动。绑扎或焊接好的钢筋用起重机送到各个固定模台处,混凝土用送料车或送料斗送到固定模台处,蒸汽养护管道也通到各个固定模台下,预制构件

图 2.16 固定模台生产线

在固定模台上就地养护,构件脱模后再用起重机送到构件存放区。

固定模台生产工艺启动资金少、见效快,适用范围较广,适合于各种构件,包括标准化构件、非标准化构件和异型构件,但标准化构件一般由移动模台生产工艺制作,而固定模台生产线宜生产阳台、楼梯及飘窗等外形相对复杂、生产过程周期长的异型构件以及梁柱等框架体系构件。该类构件预制以手工操作为主,用工量偏大,也不能进入养护窑。

考虑到原始的固定模台生产工艺落后且功效低、能源浪费大,可采用带有振动、翻转和移动等功能的模台,提高生产线的机械化、自动化程度和生产效率。

(2)工艺设计

固定模台生产工艺流程见图 2.17。

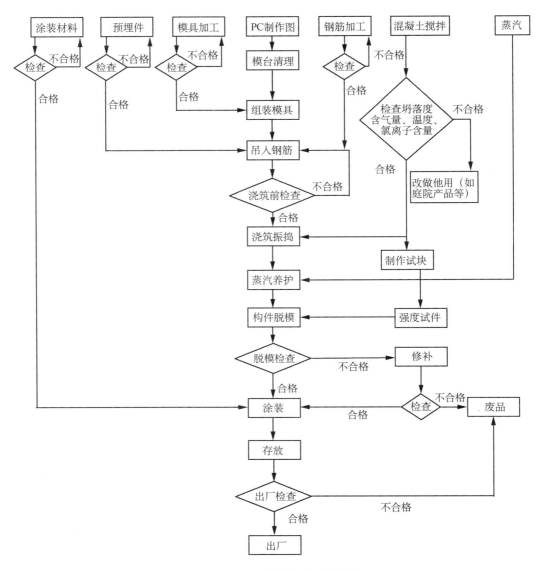

图 2.17　固定模台生产工艺流程

　　固定模台一般为钢制模台,也可采用高平整度、高强度的钢筋混凝土、超高性能混凝土或水泥基材料模台,以该固定模台为预制构件的底模,在模台上固定构件侧模,组合成完整的模具。固定模台也常被称为底模、平台或台模。常用模台宽度宜为 3.5~4 m(以墙板、叠合板为主),常用尺寸包括 3.5 m×9 m、4 m×10 m 等。固定模台生产完构件后可自然养护,也可在原地通蒸汽养护。每块模台最大有效使用面积约 70%,一些异型构件甚至远低于这个比例,可能仅到 40% 左右,因此,要获得较高的产能,固定模台需要较多的模台,也就是较大的占地面积,同时尚需考虑模台之间安全通道及作业通道的要求。

固定模台工艺设计时,起重机起重吨位和配置数量应满足生产要求,年产量越高,对起重机的起重吨位及数量要求越高;厂房面积应满足模台摆放、作业空间和安全通道的面积;采用原位蒸汽养护时,每个固定模台要配有蒸汽管道和自动控温装置,既可以直接覆盖苫布,也可以定做移动式覆盖棚来保温覆盖,自动控温装置是蒸汽养护点按照设定的升温、恒温、降温速度和时间进行自动温控的装置;混凝土运料方式当采用运料罐车时,固定模台处应方便运料罐车进出;钢筋成品可通过起重机或运输车运输至模台内;混凝土的振捣多采用振动棒,板类构件可以在固定模台上安放附着式振动器。

（3）生产线设备

固定模台生产线所需配置设备见表2.2。

表2.2   固定模台生产线配置设备

序号	设备名称	功能及选用
1	固定模台	作为生产构件用的底模
2	布料斗	混凝土浇筑
3	手持式振动棒	混凝土振捣
4	附着式振动器	大体积构件或叠合板的混凝土振捣,可选项目
5	蒸汽锅炉	养护用蒸汽,可选项目
6	蒸汽养护自动控制系统	自动控制养护温度及过程,可选项目
7	空气压缩机	提供压缩空气
8	电焊机	修改模具
9	气焊设备	修改模具
10	磁力钻	修改模具

2.2.3　钢筋加工生产线

钢筋加工是预制构件生产流程中必不可少的重要环节,也是影响生产效率和质量的关键环节。钢筋加工涉及钢筋调直、切断、弯曲成型、组装骨架等环节。钢筋加工有全自动、半自动和人工三种工艺,全自动钢筋加工主要体现在钢筋调直、切断、弯曲成型环节,目前全自动加工的有钢筋网片、钢筋桁架、箍筋等,主要应用在叠合楼板、双面叠合剪力墙等构件的生产过程中。对于钢筋骨架构造较为复杂的剪力墙板、柱、梁、楼梯、阳台板等,只能采用半自动工艺,将全自动调直、切断、弯曲成型的钢筋,再通过人工绑扎或焊接的方式来完成钢筋骨架的组装。

半自动钢筋加工工艺适合所有预制构件,是目前最常用的钢筋加工工艺。常用钢筋加工设备包括数控钢筋调直机(图2.18),实现在线长度自动快速调节,不同长度钢筋多任务作业;钢筋下料机(图2.19),通过电脑控制调直、切断、收集等操作;数控钢筋弯箍机(图2.20),自动完成钢筋矫直、定尺、弯箍、切断等工序,连续生产平面形状的产品等。

图 2.18　数控钢筋调直机

图 2.19　钢筋下料机

图 2.20　数控钢筋弯箍机

图 2.21　人工组装钢筋骨架

通过自动化的设备将钢筋调直、切断、弯曲成型,再通过人工将其组装成预制构件所需的钢筋骨架,见图 2.21。

全自动钢筋加工生产线一般与自动流水生产线配套使用,如欧洲普及的全自动化智能化的构件工厂,钢筋加工设备和混凝土流水线通过计算机程序无缝衔接,只需要将构件加工图输入流水线计算机控制系统,钢筋加工设备能自动识别钢筋信息,完成钢筋调直、剪切、焊接、运输、入模等各道工序,全过程无须人工参与,可提高效率、减少人工、降低损耗。但设备造价较高,维护成本也不低。

钢筋加工生产线自动化程度的选择应符合当前生产线的实际需要,对于全自动叠合楼板生产线或双面叠合剪力墙生产线,建议配置全自动钢筋加工生产线,若自身条件限制或当地有钢筋配送中心,可以在当地采购网片和桁架,从而减少成本投入并减小厂房占地要求;对于移动模台生产线或固定模台生产线,半自动钢筋加工生产线一般已能满足生产要求。

钢筋加工车间除满足生产需求的加工设备外,还应有足够的钢筋原材料存储区、半成品存储区、运输道路,另外还需考虑物流运输方便的问题,一般钢筋加工生产线布置在厂房中部且临近生产线的一跨内。

2.2.4 预应力构件生产线

预应力构件生产线适用于预应力叠合楼板、预应力空心楼板、预应力双 T 板及预应力叠合梁等先张法预应力构件。预制预应力构件在我国应用相对较少,但在国外得到了普遍应用,如日本 9 m 以上跨度大量采用预应力叠合板,美国大跨度结构较多应用预应力空心板和预应力双 T 板,欧洲停车楼和商场大量采用预应力空心板、预应力双 T 板及预应力梁。

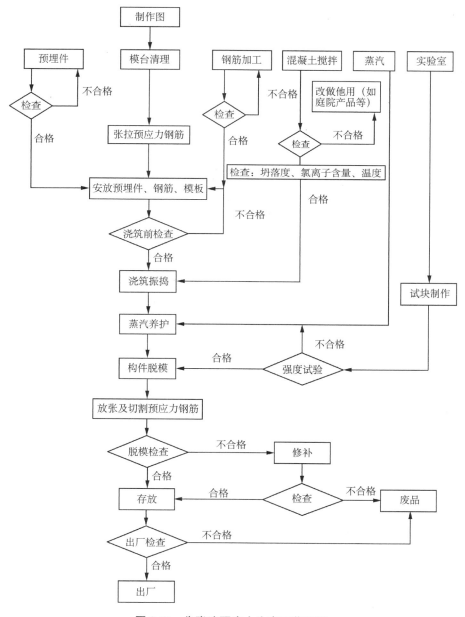

图 2.22 先张法预应力生产工艺流程

先张法工艺是在构件混凝土浇筑前，在台座或钢模上张拉预应力筋的方法，其具体施工过程为：首先张拉预应力筋并临时锚固在台座或钢模上，然后浇筑构件混凝土；待混凝土达到一定强度后放张预应力筋，借助混凝土与预应力筋的粘结力，使混凝土产生预压应力。先张法预应力生产工艺流程见图2.22。

先张法生产可分为长线台座法和短线法（图2.23）。长线法主要用于厚度较小的预应力板类构件的生产，短线法一般用于预应力梁和预应力双T板的生产。

（a）长线台座法   （b）短线法

图2.23　先张法预应力生产工艺

对于长线法，其主要设备包括预应力筋张拉设备及台座。常用的预应力筋张拉设备，按工作原理有液压张拉设备、螺杆张拉设备、卷扬机张拉设备，其中液压式又分拉杆式、穿心式、台座式等（图2.24）。

（a）拉杆式　　　　　（b）穿心式　　　　　（c）台座式

图2.24　先张法预应力筋张拉设备

台座承受预应力筋的全部张拉力，因此，台座应有足够的承载力、刚度和稳定性。台座按构造型式不同，可分为墩式台座与槽式台座（图2.25）。

墩式台座由承力台墩、台面与横梁组成，其长度宜为100～150 m，台座的承载力应根据构件张拉力的大小，设计成200～500 kN/m；台座的宽度主要取决于构件的布筋宽度，并考虑张拉和浇筑混凝土是否方便，一般不大于2 m；在台座的端部应留出张拉操作场地和通道，两侧要有构件运输与堆放场地；承力台墩一般由现浇钢筋混凝土做成，应具有足够的承载力、刚度和稳定性（抗倾覆和抗滑移）；台面一般是在夯实的碎石垫层上浇筑一层厚度为60～100 mm的混凝土而成，台面伸缩缝可根据当地温差和经验设置，一般约

10 m 设置一条,也可采用预应力混凝土台面,可不留施工缝;预应力混凝土台面是在原有的混凝土台面或新浇的混凝土基层上涂刷隔离剂,张拉预应力钢丝,浇筑混凝土面层,待混凝土强度达到放张强度后切断钢丝,台面就发生滑动。

槽式台座由钢筋混凝土压杆、上下横梁和台面等组成,既可承受张拉力,又可作为蒸汽养护槽,适用于张拉吨位较大的大型构件。台座的长度一般不大于 76 m,宽度随构件外形及制作方式而定,一般不小于 1 m。为便于运送混凝土和蒸汽养护,槽式台座多低于地面。

(a) 墩式台座　　　　　　　　　　　　　　　　(b) 槽式台座

图 2.25　长线法台座

目前,预应力混凝土叠合板的制作采用多个钢模台拼接成长线台座,预张拉后再单根张拉或整体张拉,最后整体放张的工艺,只适合固定台座张拉,由模台外的混凝土基础及张拉构件承载持荷,不能适用到模台循环流转的环形生产线或前述的"游牧式"预制技术中。

短线法预应力张拉方案为:预应力钢丝套上钢环垫片,一端做镦头处理。钢模台上按设计要求设置若干平行排列设置的预应力钢筋,预应力钢筋一端由设置在钢模台上的锁筋板固定,另一端由设置在钢模台上的活动张拉板固定,活动张拉板由设置在模板上的连接装置并通过驱动装置移动。与活动张拉板连接的精轧螺纹钢筋,该螺纹钢筋上穿设有固定在模台端部的固定端板,固定端板由和精轧螺纹钢筋配合的锁紧螺母限位。

短线法预应力叠合板生产线具有以下优势:采用单模台非预张整体张拉装置,只需要一次整体张拉,无须预张拉。整体张拉可一次性张拉几十根钢筋,比使用锚夹头一次张拉一根,效率可提高几十倍;放张也是整体放张,不同于锚夹头单根放张后还要剪去多余出来的钢筋,并且要敲击锚夹头里的锥形夹片,节约大量的人工和时间;省去锚夹具,经济效益显著。镦出的蘑菇形头部和特制垫片在颈部可间接起到锚固的作用,加强了预制部分和现浇部分连接的牢固程度;传统的锚夹具需锚接长度,此部分锚接钢筋至少有 10~15 cm 需切断,不仅消耗刀具和人工,而且浪费钢筋。由于使用锚夹头需要比实际需要的钢筋长度至少多出 150~200 mm 的锚夹长度,放张后此部分钢筋还需剪掉,该技术节约了钢筋,并节省了剪钢筋的工序;长线法需浇筑大体积的混凝土基础来承受张拉载荷,短线法由钢模台自身持荷,张拉力的持荷是通过特制垫片持荷并传递到模台上,由钢制模台承受张拉力,张拉由张拉端板和活动张拉端板实现;短线法具有可移动性,可随模台移动,解决了

"游牧式生产"的最大技术难点,可以进入养护窑养护,提高了生产效率,尤其解决了以模台沿滚道环形封闭运转为特性的环形生产线上预应力张拉的实际应用问题。

2.3 工厂检测试验室构成

检测是保证进场建材质量、进行工程施工质量验收和开展工程安全质量监督管理的主要技术依据和技术手段,因此,检测也是保证工程施工安全质量的重要技术基础,属于直接涉及公共安全以及直接关系人身健康、生命财产安全等的特定活动,一旦出现检测质量事故,进行补救的代价一般都非常大,且检测质量事故一般很难发现或难以进行有效的补救,将给工程留下永久的安全质量隐患。因此,必须重视建设工程检测的管理,加强建设工程检测活动的规范,保证建设工程检测工作的质量。

工厂内部检测试验室是工厂所需原材料、半成品及产品检测工作的内部质量保证机构,工厂及其试验室应有政策和书面程序保证试验室在任何情况下不降低其能力、公正性、判断或运作诚实性的可信度。

2.3.1 人员

试验室应建立所有管理和检测人员的业务档案,以记录人员的资格、经历、培训、业绩、奖惩等信息。检测技术人员必须经专业培训,并取得相应证书后方可持证上岗;试验室负责人应具备一定的专业资历,应符合下列条件之一:

(1) 具有经国家人事主管部门或其认定的评审机构评定的相关专业工程师以上专业技术职称;

(2) 相关专业研究生毕业,持检测技术证书从事检测工作经历不少于1年;

(3) 相关专业本科毕业,持检测技术证书从事检测工作经历不少于2年;

(4) 相关专业大专毕业,持检测技术证书从事检测工作经历不少于3年。

此外,试验室负责人除了具备持续稳定的岗位就职保证条件和无检测违法、违规不良行为记录外,还应取得内部试验室管理证书和本试验室有关检测项目的检测技术证书方可任职。

试验室主要由试验室负责人、检测设备管理员、档案管理员和检测人员等人员构成,有能力及有需要的工厂还可配置试验室信息管理员等人员岗位,及时准确地将检测信息采集统计,并上传至试验室内部局域网,实现试验室检测数据互联互通,实时有效。各人员分工及职责详见表2.3。

为确保所有从事管理及检测的人员能够胜任其承担的工作,工厂应制定人员的教育、培训和技能目标,并有确定培训需求和提供人员培训的政策和书面程序。各类试验室持证检测人员配置应符合项目所在地相关规定要求。为保证试验室检测结果的公平公正,试验室的管理和检测人员只能服务于一个试验室,如果试验室的管理或检测人员兼任企业内其他部门的岗位,应保证这些部门与试验室无利益冲突。

表 2.3　试验室人员及职责

岗位	职责
试验室负责人	a) 负责组织管理体系文件、作业指导书和操作规程的编写和宣贯 b) 负责制定检测人员培训计划,并落实培训计划的实施 c) 负责安排检测任务,督促检测人员严格按标准、规范、作业指导书检测,对检测人员进行技术指导,随时检查工作的质量 d) 及时处理不符合检测工作 e) 负责检测报告的签发 f) 批准合格供应方和服务方名录 g) 根据使用标准的最新有效版本,负责对检测方法的确认及检测资源的配置 h) 检查试验室内试验条件、工作环境的执行情况 i) 批准测量设备的分类,批准测量设备的周期检定、周期校准及周期检测计划并监督执行,批准对校准和检测结果的确认
测量设备管理员	a) 负责确定测量设备计量特性、规格型号,参与测量设备的采购安装 b) 负责对测量设备进行分类 c) 建立和维护测量设备管理台账和档案 d) 对测量设备进行标识,对标识进行维护更新 e) 确定测量设备的校准或检测周期,编制测量设备的周期校准、周期检测或周期检定计划 f) 审核校准、检测及检定单位的资质,执行周期校准、周期检测或周期检定计划 g) 对测量设备的状况进行定期、不定期的检查,敦促检测人员按操作规程操作测量设备,并做好维护保养工作 h) 指导、检查法定计量单位的使用
档案管理员	a) 指导、督促有关部门或人员保质保量按期移交档案资料 b) 负责档案资料的收集、整理、立卷、编目、归档、借阅等工作 c) 负责有效文件的发放和登记,并及时回收失效文件 d) 负责档案的保管工作,采取必要的防火、防盗、防尘、防潮、防虫、防高温、防光、防有害气体等档案保护措施,维护档案的完整与安全 e) 参与对已超过保管期限档案的鉴定,提出档案存毁建议,编制销毁清单
检测人员	a) 掌握所用测量设备的性能、维护知识和正确保管使用 b) 掌握所在项目的检测规程和操作程序 c) 负责所用测量设备使用登记记录 d) 按规定的检测方法进行检测,坚持检测程序 e) 做好检测原始记录 f) 对检测结果在检测报告上签字确认 g) 负责检测项目工作区的环境卫生工作等
信息管理员	a) 建立和维护计算机局域网,做好网络设备、计算机系统软、硬件的维护管理 b) 负责局域网与本市检测信息系统控制中心连接的管理工作,确保网络正常连接,准确、及时地上传检测信息 c) 采取必要措施,防止计算机网络受到病毒侵袭 d) 管理及维护本市检测信息系统中本单位的配置信息,如单位基本信息、设备信息、检测方法等 e) 管理及规划计算机网络资源,根据用户的权限创建及管理用户 f) 制定数据备份方案并按方案实施备份工作 g) 对本单位计算机用户进行必要的培训,指导用户正确使用检测信息系统,并提供技术支持

2.3.2　环境与设备

　　试验室在工厂内应有固定的工作场所,其设施和环境条件应符合规范性文件的要求和检测流程的需要,并满足检测人员、测量设备能长时间正常工作。根据检测内容确定相应的检测方法,不同的检测方法对检测环境的要求也不尽相同。因此配备相应的环境监控设备及设施,监测、控制和记录环境条件显得尤为重要,详见表2.4。在检测过程中环境记录一般每天上午、下午各进行一次,环境记录中应包括环境参数测量值、记录时间及记录人签名等内容。应指定专人定期检查监控设备及设施的完好性和环境条件的符合性。当检测环境条件不符合标准要求时,应立即采取相应处置措施。

表 2.4　试验场所、设施、环境条件及其他要求表

检测项目	检测能力(参数)		场所、设施	环境条件	其他要求
混凝土	拌合及静置期间	—	试验室	温度:20 ℃±5 ℃	—
		掺外加剂时	试验室	温度:20 ℃±3 ℃	—
	凝结时间和泌水试验		试验室	温度:20 ℃±2 ℃	—
	试件标准养护条件		标准养护室(湿养护)	温度:20 ℃±2 ℃,相对湿度:95%以上	—
			水槽(池)	温度:20 ℃±2 ℃	不流动的 $Ca(OH)_2$ 饱和水溶液
	收缩试验		试验室	温度:20 ℃±2 ℃,相对湿度:60%±5%	—
水泥	成型等常规项目检测		试验室	温度:20 ℃±2 ℃,相对湿度:不低于50%	水泥试样、拌合水、仪器和用具的温度应与试验室一致
	密度		试验室	温度:20 ℃±1 ℃	—
			恒温水槽	温度:20 ℃±1 ℃	—
	比表面积		试验室	相对湿度:不大于50%	—
	凝结时间、安定性、强度成型带模养护		养护箱	20 ℃±1 ℃,相对湿度:不低于90%	—
	强度标准试件养护		养护池或养护箱	温度:20 ℃±1 ℃	不同品种的水泥试体应分池养护
粉煤灰	安定性、密度		试验室、养护箱	同水泥	—
	需水量比、活性指数		试验室	温度:20 ℃±2 ℃,相对湿度:不低于50%	—
矿粉	密度、比表面积		试验室	同水泥	—
	流动度比、活性指数		试验室	温度:20 ℃±2 ℃,相对湿度:不低于50%	—

续表

检测项目	检测能力（参数）	场所、设施	环境条件	其他要求
外加剂	匀质性检测	试验室	同水泥	—
	拌合物性能	试验室	同混凝土	—
砂、石	表观密度	试验室	水温:15 ℃～25 ℃	从试样加水静置的最后2 h起直至试验结束,其温度相差不应超过2 ℃。
	吸水率	试验室	水温:20 ℃±5 ℃	—
	坚固性	试验室	温度:20 ℃～25 ℃	—
		洗净硫酸钠的清水	温度:砂应控制在20 ℃～25 ℃;石应控制在25 ℃～30 ℃	—
	砂和石的碱活性试验（砂浆长度方法）	养护箱(室)	温度:40 ℃±2 ℃	—
		恒温室	温度:20 ℃±2 ℃	—
	碳酸盐粗集料的碱活性（岩石柱方法）	恒温室	温度:20 ℃±2 ℃	—
钢筋	拉伸、弯曲、反复弯曲	试验室	温度:10 ℃～35 ℃;对温度要求严格的试验:温度23 ℃±5 ℃	—
	应力松弛试验	试验室	温度:20 ℃±2 ℃	—
	钢筋焊接拉伸弯曲	试验室	温度:10 ℃～35 ℃;对温度要求严格的试验:温度20 ℃±2 ℃	—
	剪切	试验室	温度:10 ℃～35 ℃	—
	疲劳试验	试验室	温度:23 ℃±5 ℃	—
硅砂粉	比表面积、密度	试验室	同水泥	—
预制构件	结构性能检测	—	0 ℃以上	—

检测过程中使用的消耗性材料和物质的贮存对环境条件有要求时,应有相应的措施保证予以满足。为确保工厂的生产生活安全,保持工厂内外环境健康无污染,试验室应配备必要的消防器材,且放置在明显和便于取用的位置,并有专人负责维护。建立环境保护程序,具备相应的设施设备,确保检测产生的废气、废液、粉尘、噪声、固废物等的处理符合环境和健康的要求,并有相应的应急处理措施。检测试验区域应与办公区域相隔离,并应有明显的标识。不得在检测试验区域内进行与检测无关的活动和存放与检测无关的物品,无关人员未经批准不得随意进入检测场所。对于有特殊环境要求的工作区域,应有警

示并严格限制人员的进出,确保试验检测安全有效地进行,保证检测结果的公正性和诚实性。

按照规范性文件规定的计量特性及其他要求,试验室应配齐测量设备及相关设备(部分设备见图 2.26),并保持其运转正常。

(a) 电液伺服万能　(b) 电液控制冷弯　　　　　　　　(c) 全自动压力试验机
    试验机　　　　　　　试验机

图 2.26　部分检测设备

为方便有效地对内部试验室建设设备进行管理与维护,宜将测量设备分为 A、B、C 三类,实行分类管理,部分设备分类情况详见表 2.5。

表 2.5　检测测量设备分类及说明表

类别	设备名称	分类说明
A 类	标准振筛机、标准恒温恒湿养护箱、电液控制冷弯试验机、电液伺服万能试验机、电子拉力试验机、电子天平、沸煮箱、负压筛析仪、高温箱式电阻炉、贯入阻力仪、含气量测定仪、混凝土渗透仪、混凝土养护室、立式砂浆收缩膨胀仪、氯离子快速测定仪、全自动比表面积测定仪、全自动压力机、全自动压力试验机、砂浆稠度仪、砂浆搅拌机、砂浆凝结时间测定仪、砂浆渗透仪、砂浆养护室、砂浆振动台、石粉含量测试仪、试模、水泥胶砂搅拌机、水泥胶砂流动度测定仪、水泥胶砂振实台、水泥净浆搅拌机、水泥抗压夹具、酸度计、坍落度桶、砼回弹仪、维卡仪、新标准方孔砂石筛、压力泌水仪、游标卡尺、游标万能角度尺、振动台	应进行重点管理的测量设备,其中测量仪器(计量器具)的检定或校准的周期不得大于检定证书或校准报告的周期,其中试验设备的检测周期不大于一年: 1. 法律、法规规定实行强制检定的测量设备 2. 行政主管部门规定实行强制管理的测量设备 3. 本单位的测量标准 4. 位置或用途重要的测量设备 5. 使用频繁,或稳定性差,或使用环境严酷的测量设备
B 类	电热鼓风干燥箱、雷氏夹膨胀值测定仪、强制式单卧轴混凝土搅拌、针片状规准仪、直角尺、塞尺	进行一般管理的测量设备,其中测量仪器(计量器具)的检定或校准周期和试验设备的检测周期,可根据测量设备的特点及实际使用情况,本着科学、经济和量值准确的原则自行确定: 1. 对测量准确度有一定的要求,但寿命较长、可靠性较好的测量设备 2. 使用不频繁,稳定性比较好,使用环境较好的测量设备

类别	设备名称	分类说明
C类	单标线容量瓶、单标线吸量管、滴定管、量杯(三角瓶)、量杯(烧杯)、量筒、砂堆积密度桶、石表观密度桶、石子压碎仪、砼表观密度桶	可进行简要管理的测量设备,其中的测量仪器(计量器具)经首次检定或校准,或经检测并由技术负责人批准后可使用至报废: 1. 无准确度要求,或只用作一般指示的测量设备 2. 准确度等级较低的工作量器 3. 不必检定、校准或检测,经检查其功能正常的测量设备 4. 无法检定、校准或检测,经比对或鉴定适用的测量设备

为了满足检测需要及测量设备、检测人员长时间正常工作的要求,试验场所、测量设备及设施的布局应规范,符合检测的流程,照明和室内空气质量等因素也应得要相应地控制。

2.3.3 组织管理

为保证试验室其能力、公正性、判断或运作诚实性活动的可信度,试验室应依据规范规程的要求,建立、实施和保持与其职责范围相适应的管理体系,管理体系应覆盖其职责范围的所有场所。试验室应将其政策(包括质量方针)、制度、计划、程序和指导书制定成书面管理体系文件(图2.27),并达到保证试验室检测质量所需的程度。发给试验室人员

目 录

序号	名称	编号
1	文件控制程序	QESP-01
2	记录控制程序	QESP-02
3	知识管理控制程序	QESP-03
4	内部审核程序	QESP-04
5	管理评审程序	QESP-05
6	风险和机遇应对控制程序	QESP-06
7	环境因素识别与评价控制程序	EP-07
8	危险源辨识与风险评价控制程序	SP-08
9	人力资源管理程序	QESP-09
10	设施和过程运行环境控制程序	QESP-10
11	与顾客有关过程控制程序	QESP-11
12	设计和开发控制程序	QESP-12
13	采购控制程序	QESP-13
14	顾客提供财产控制程序	QESP-14
15	过程计划控制程序	QESP-15
16	产品生产过程及服务控制程序	QP-16
17	产品质量监控程序	QP-17
18	环境和职业健康安全控制程序	ESP-18
19	监视和测量设备控制程序	QESP-19
20	应急准备和响应控制程序	ESP-20
21	不合格品控制程序	QP-21
22	纠正和预防措施控制程序	QESP-22
23	顾客满意度测量程序	QESP-23
24	信息管理和分析程序	QESP-24

图2.27 程序文件列表示例

的所有管理体系文件,在发布之前应由企业负责人或其授权人审查并批准使用。管理体系文件应有唯一性标识,该标识应包括编号、发布日期和(或)修订标识、页码、总页数和发布机构。办公室、检测室、养护室、留样室按区域分隔、标识明显、布局合理、环境整洁。环境条件满足标准要求,并定期进行内务检查同时做好详细的记录。

试验室应制定识别、收集、索引、存取、存档、存放、维护和清理记录的书面程序,包括任务单、台账、检测原始记录、检测报告等技术记录。记录应清晰明了,包含足够的信息(部分报告包含信息要点要求,详见表2.6),将以便于安全保护和存取的方式保存在具有防止损坏、变质、丢失等适宜环境的设施中。为确保各文件记录真实有效,做到追责到人、追责到岗,工厂应指派专人负责对受控管理(受控标识、发放、借阅、宣贯、修订记录)文件进行分类及标识,并建立目录(图2.28),包括质量文件(程序文件、质量记录)、技术文件(检测报告、各类原始记录、技术标准和作业指导书、设备档案等)、外来规范性文件(国家或行业颁布的与检测相关的标准、规范、规程,国家有关的法律法规以及上级单位或其他单位来函等)、政策性文件(工作计划、工作总结、汇报、各种请示报告、通知等)。为了确保规范性文件的有效性,应做到及时审查审核。

表 2.6　部分报告及内容要点

报告记录文件	内容要点
材料检测原始报告记录	试样名称、试样编号、检测日期、检测开始及结束的时间(精确到分钟)、检测及复核人员的签名、使用的主要测量设备名称和编号、试样状态描述、检测的依据、检测环境数据(如果有要求)、检测数据或观察结果、计算公式、图表、计算结果(如果有必要)、检测方法要求记录的其他内容(如果有)
检测报告记录	检测报告名称、委托单位、工程名称、工程地点、报告编号、检测日期及报告日期、试样名称、生产单位、规格型号、等级、批量、试样的说明和明确标识等、试样的特性和状态、检测依据及执行标准、检测数据及结论、检测、审核、批准人(授权签字人)三级人员的签名
设备仪器维护保养记录	设备的名称、型号、出厂编号、制造商名称和管理编号、制造商的使用说明书和出厂合格证、接收日期和启用日期、接收时的状态、领用人签名、操作规程记录(如果有)、校准规程记录(如果有)、所有的检定证书、校准或检测报告、对校准及检测结果的判断,每次安装、调试或维护的记录,损坏、故障、改装或维修的记录,使用的记录(如果有)、负责信息记录人员的签名、脱期处理情况(如果有)
设备仪器使用记录	测量设备的名称、管理编号、试样名称、编号、数量、每组试样的检测操作开始时间和结束时间(精确到分钟)、检测操作过程中测量设备的异常情况及处理措施、操作人签名

检测原始记录笔误需要更正时,应由原记录人进行划改,将正确的数据写在原数据的上方,划改后原数据应清晰可辨,并在划改处由原记录人签名或加盖原记录人印章。

记　录　清　单

编号：QESP-02-B01　　　　　　　　　　　　　　　　　　NO：

序号	记录名称	记录编号	保存部门	保存时间	备注
	监视和测量设备采购申请表	JSDS-JL-SY-01	试验室	5 年	
	监视和测量设备验收记录	JSDS-JL-SY-02	试验室	5 年	
	监视和测量设备台账	JSDS-JL-SY-03	试验室	5 年	
	计量器具检定/校准周期表	JSDS-JL-SY-04	试验室	5 年	
	计量器具周检通知单	JSDS-JL-SY-05	试验室	5 年	
	计量器具自检记录	JSDS-JL-SY-06	试验室	5 年	
	监视和测量设备保养维修记录	JSDS-JL-SY-07	试验室	5 年	
	试验室(养护室)温湿度记录表	JSDS-JL-SY-08	试验室	5 年	

图 2.28　文件记录清单示例

　　试验室应通过质量方针、质量目标、审核结果、数据分析、纠正措施、预防措施和管理评审来持续改进管理体系的有效性。试验室应制订纠正措施的政策和程序,在识别出不符合要求的工作或对管理体系有偏离时实施纠正措施,并对纠正措施的结果进行监控,以确保其有效性。纠正措施程序应从确定问题根本原因的调查开始,并与问题的严重程度和风险大小相适应。应识别技术方面和管理体系方面所需改进和潜在的不符合要求的原因。当识别出改进机会或需采取预防措施时,应制订措施计划并加以实施和控制,以确保其有效性。工厂的技术或质量主管应根据既定的日程和程序,定期对试验室的管理体系和检测活动进行评审,以确保其有效持续适用,并进行必要的变更或改进。

　　本章简要叙述了预制构件工厂规划的原则,重点介绍了移动模台生产线、固定模台生产线、钢筋加工生产线及预应力构件生产线等目前常见的预制构件生产线,详细介绍了工厂检测试验室的人员、设备及组织管理,使读者对相对陌生的预制构件工厂的建设及构件工厂化生产设备的工艺特点形成必要的认识。

3 材　　料

为满足工程质量的要求,首先预制构件必须符合规范标准,而构件所用原材料的控制显得尤为重要,从混凝土原材料砂石、外加剂到钢筋、连接件以及各类预埋件、吊具、保温材料等都应有对应的产品合格证,质量更应符合现行有关标准和设计文件的规定。因此各类材料和部件的进场都应进行严格的进料检查和复检,包括产品的品种、规格、外观、生产厂家、批次和其他相关要求等,对于同一厂家同批次材料用于生产不同的构件时,可统一划分检验批,其检验结果应符合国家现行标准《混凝土结构设计规范》(GB 50010)、《钢结构设计规范》(GB 50017)和《装配式混凝土结构技术规程》(JGJ 1)等的有关规定。本章系统阐述混凝土、钢筋、套筒、起吊相关预埋件等材料的具体要求及其检测要求。

3.1　混凝土

(1) 水泥

水泥应采用不低于 42.5 级或 42.5R 级的硅酸盐水泥、普通硅酸盐水泥,进场(厂)时应对其品种、级别、包装或散装仓号、出厂日期等进行检查,并应对水泥的强度、安定性和凝结时间进行复验,其结果应符合现行国家标准《通用硅酸盐水泥》(GB 175)等的规定。当对水泥质量有怀疑或水泥出厂超过三个月时,或快硬硅酸盐水泥出厂超过一个月时,应进行复验并按复验结果使用。

检查数量:按同一生产厂家、同一品种、同一代号、同一强度等级、同一批号且连续进场的水泥,袋装不超过 200 t 为一批,散装不超过 500 t 为一批,每批抽样数量不应少于一次。

检验方法:检查质量证明文件和抽样复验报告(质量证明文件包括产品合格证、有效的型式检验报告、出厂检验报告)

存放:水泥应根据不同生产厂家、不同品种和强度等级按批分别存放,以免造成混料错批;掺合料应根据不同品种、规格和等级按批分别存放,储存的专用仓罐应保持密封、干燥,防止受潮,并做好明显标识。

(2) 骨料

砂应选用细度模数为 2.3~3.2 的天然砂或机制砂,石子应选用 5~25 mm 连续级配碎石,质量应符合现行行业标准《普通混凝土用砂、石质量及检验方法标准》(JGJ 52)的有关规定,不得使用海砂及特细砂。每验收批砂石至少应进行颗粒级配,以及含泥量、泥块含量检验。对于碎石,还应检验针片状颗粒含量;对于人工砂及混合砂,应检验石粉含量;对于重要工程或特殊工程,应根据工程要求增加检测项目。对其他指标的合格性有怀疑时,应予检验当砂或石的质量比较稳定、进料量又较大时,可以1 000 t为一验收批。当使用新产源的砂或石时,应按质量要求进行全面检验。使用再生骨料时应符合现行行业标准《再生骨料应用技术规程》(JGJ/T 240)的有关规定。使用轻集料时应符合现行国家标准《轻集料及其试验方法 第1部分:轻集料》(GB/T 17431.1)的有关规定,最大粒径不宜大于20 mm。

检查数量:应按砂或石的同产地同规格分批验收。采用大型工具(如火车、货船或汽车)运输的,应以400 m³ 或600 t为一验收批;采用小型工具(如拖拉机等)运输的,应以200 m³ 或300 t为一验收批。不足上述量者,应按一验收批进行验收。

检验方法:质量检验报告内容应包括委托单位、样品编号、工程名称、样品产地、类别、代表数量、检测依据、检测条件、检测项目、检测结果、结论等。

存放:应防止颗粒离析混入杂质,并应按产地、种类和规格分别堆放。碎石的堆料高度不宜超过5 m,对于单粒级或最大粒径不超过20 mm的连续粒级,其堆料高度可增加到10 m。

（3）外加剂

外加剂品种应通过试验室进行试配后确定,进场(厂)时对应其品种、性能、出厂日期等进行检查,并对其相关性能指标进行复检,其结果应符合现行国家标准《混凝土外加剂》(GB 8076)和《混凝土外加剂应用技术规范》(GB 50119)的有关规定。

检查数量:按同一生产厂家、同一级别、同一品种、同一批号且连续进场(厂)的混凝土外加剂,不超过5 t为一批,每批抽样数量不应少于一次。

检验方法:应具备检查质量证明文件和抽样复验报告(质量证明文件包括产品合格证、有效的型式检验报告、出厂检验报告)。

存放:应按不同生产厂家、品种分别存储在专用储罐或仓库内,并做好明显标识。

（4）矿物掺合料

粉煤灰应符合现行国家标准《用于水泥和混凝土中的粉煤灰》(GB/T 1596)中的Ⅰ级或Ⅱ级各项技术性能及质量指标。矿粉应符合现行国家标准《用于水泥、砂浆和混凝土中的粒化高炉矿渣粉》(GB/T 18046)中的S95级、S105级各项技术性能及质量指标。

（5）拌合用水

应符合现行行业标准《混凝土用水标准》(JGJ 63)的有关规定

3.2 钢筋

钢筋进场时,应按国家现行相关标准的规定抽取试件作屈服强度、抗拉强度、伸长率、弯曲性能和重量偏差检验,检验结果应符合相关标准的规定。预应力筋进场时,应按国家现行相关标准的规定抽取试件作抗拉强度、伸长率检验,检验结果应符合相关标准的规定。钢筋和预应力筋进场后应按品种、规格、批次等分类堆放,并应采取防锈防蚀措施。预制混凝土构件中的钢筋焊接网应符合现行国家标准《钢筋混凝土用钢 第3部分:钢筋焊接网》(GB/T 1499.3)的有关规定。预制混凝土构件中使用的钢筋桁架应符合现行行业标准《钢筋混凝土用钢筋桁架》(YB/T 4262)的要求。

钢筋宜采用自动化机械设备加工,钢筋连接除在符合现行国家标准《混凝土结构工程施工规范》(GB 50666)的有关规定的情况下,还应满足:①钢筋接头的方式、位置、同一截面受力钢筋的接头百分率、钢筋的搭接长度及锚固长度等应符合设计要求或国家现行有关标准的规定;②钢筋焊接接头、机械连接接头和套筒灌浆连接接头均应进行工艺检验,试验结果合格后方可进行预制构件生产;③螺纹接头和半灌浆套筒连接接头应使用专用扭力扳手拧紧至规定扭力值;④钢筋焊接接头和机械连接接头应全数检查外观质量;⑤焊接接头、钢筋机械连接接头、钢筋套筒灌浆连接接头力学性能应符合现行行业标准《钢筋焊接及验收规程》(JGJ 18)、《钢筋机械连接技术规程》(JGJ 107)和《钢筋套筒灌浆连接应用技术规程》(JGJ 355)的有关规定。

钢筋半成品、钢筋网片、钢筋骨架和钢筋桁架应检查合格后方可进行安装,并应符合下列规定:① 钢筋表面不得有油污,不应严重锈蚀;② 钢筋网片和钢筋骨架宜采用专用吊架进行吊运;③ 混凝土保护层厚度应满足设计要求,保护层垫块宜与钢筋骨架或网片绑扎牢固,按梅花状布置,间距满足钢筋限位及控制变形要求,钢筋绑扎丝甩扣应弯向构件内侧;④ 钢筋成品和钢筋桁架的尺寸偏差应符合构件制作深化设计要求和相关行业质量控制的规定。

3.3 套筒

(1) 钢筋连接用灌浆套筒

灌浆套筒一般分为全灌浆套筒和半灌浆套筒(图 3.1),通常采用铸造工艺或机械加工工艺制造。

一般而言,铸造灌浆套筒宜选用球墨铸铁,其材料性能符合表 3.1,机械加工灌浆套筒宜选用优质碳素结构钢、低合金高强度结构钢、合金结构钢或其他经过接头型式检验确定符合要求的钢材,其材料性能符合表 3.2。材料性能检验时应以同钢号、同规格、同炉(批)号的材料作为一个验收批,每批随机抽取 2 个。若 2 个试样均合格,则该批灌浆套筒材料性能视为合格;若有 1 个不合格,则需另外加倍抽样复检,复检全部合格时,则仍可视为该批灌浆套筒材料性能合格;若复检中仍有 1 个试样不合格,则该批灌浆套筒材料性能视为不合格。

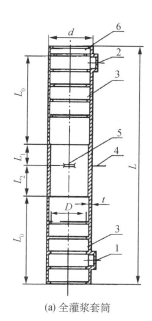

(a) 全灌浆套筒

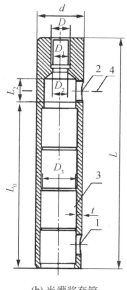

(b) 半灌浆套筒

说明：
1—灌浆孔；
2—排浆孔；
3—剪力槽；
4—强度验算用截面；
5—钢筋限位挡块；
6—安装密封垫的结构。

尺寸：
L —灌浆套筒总长；
L_0—锚固长度；
L_1—预制端预留钢筋安装调整长度
L_2—现场装配端预留钢筋安装调整长度；
t —灌浆套筒壁厚；
d —灌浆套筒外径；
D —内螺纹的公称直径；
D_1—内螺纹的最小内径；
D_2—半灌浆套筒螺纹端与灌浆端连接处的通孔直径；
D_3— 浆套筒锚固段环形突起部分的内径 。

注：D_3不包括灌浆孔、排浆孔外侧因导向、定位等其他目的而设置的比锚固段环形突起内径偏小的尺寸；
　　D_3可以为非等截面。

图 3.1　全灌浆套筒和半灌浆套筒

表 3.1　球墨铸铁灌浆套筒材料性能

项目	性能指标
抗拉强度 σ_b/MPa	≥550
断后伸长率 δ_5/%	≥5
球化率/%	≥85
硬度/HBW	180～250

表 3.2　各类钢灌浆套筒材料性能

项目	性能指标
屈服强度 σ_s/MPa	≥355
抗拉强度 σ_b/MPa	≥600
断后伸长率 δ_5/%	≥16

就灌浆套筒本身而言,机械加工灌浆套筒的壁厚不小于 3 mm,铸造灌浆套筒的壁厚不应小于 4 mm,尺寸偏差符合表 3.3 的规定,验收时,以连续生产的同原材料、同炉(批)号、同类型、同规格的 1 000 个灌浆套筒为一个验收批,不足 1 000 个,以 1 000 个为计,取样时,每批随机抽取 10%,连续 10 个验收批一次性检验均合格时,尺寸偏差及外观检查的取样数量可由 10%降至 5%。若验收合格率不低于 97%时,该批灌浆套筒视为合格,若低于 97%时,应另外抽取双倍数量的灌浆套筒试验进行检验,当合格率不低于 97%时,则该批灌浆套筒仍视为合格;若低于 97%时,则应逐个检查,直至合格。

表 3.3　灌浆套筒尺寸偏差表

序号	项目	灌浆套筒尺寸偏差					
		铸造灌浆套筒			机械加工灌浆套筒		
1	钢筋直径/mm	12～20	22～32	36～40	12～20	22～32	36～40
2	外径允许偏差/mm	±0.8	±1.0	±1.5	±0.6	±0.8	±0.8
3	壁厚允许偏差/mm	±0.8	±1.0	±1.2	±0.5	±0.6	±0.8
4	长度允许偏差/mm	$±(0.01×L)$			±2.0		
5	锚固段环形突起部分的内径允许偏差/mm	±1.5			±1.0		
6	锚固段环形突起部分的内径最小尺寸与钢筋公称直径差值/mm	≥10			≥10		
7	直螺纹精度	—			GB/T 197 中 6H 级		

(2)套筒灌浆料

套筒灌浆料主要以水泥为基本材料,配以细骨料,以及混凝土外加剂和其他材料组成的干混料,加水搅拌之后具有良好的流动性、早强、高强、微膨胀等特性,用于填充套筒和带肋钢筋间隙内的干粉料。灌浆料应与灌浆套筒匹配使用,钢筋套筒灌浆连接接头应符合规范要求,并按使用说明加水拌和,当日平均气温低于 10 ℃时可采用低温灌浆料。检验时以 15 d 内生产的同配方、同批号原材料的产品每 50 t 为一个批次,不足 50 t 也应作为一个批号。

相关检验结果应满足表 3.4 和表 3.5 的规定。

表 3.4　常规套筒灌浆料的技术性能

检测项目		性能指标
流动度/mm	初始	≥300
	30 min	≥260
抗压强度/MPa	1 d	≥35
	3 d	≥60
	28 d	≥85

续表

检测项目		性能指标
竖向膨胀率/%	3h	≥0.02
	24h与3h差值	0.02~0.50
氯离子含量/%		≤0.03
泌水量/%		0

表3.5 低温套筒灌浆料的技术性能

检测项目		性能指标
流动度/mm	初始	≥300
	30 min	≥260
抗压强度/MPa	−1 d	≥35
	−3 d	≥60
	−7 d+21 d	≥85
竖向膨胀率/%	3 h	≥0.02
	24 h与3 h差值	0.02~0.30
氯离子含量/%		≤0.03
泌水量/%		0

注:−3 d表示在−5 ℃条件下养护3 d,−7 d+21 d表示在−5 ℃条件下养护7 d后转标准养护条件养护至28 d。

灌浆套筒连接钢筋接头的抗拉强度,应满足《钢筋机械连接技术规程》(JGJ 107)中Ⅰ级接头的规范,检测数量为3个。

3.4 起吊相关预埋件

预制构件的起吊脱模、斜撑都离不开预埋件的作用,不同的构件采用的同一用途的预埋件型号也不尽相同,因此对各种预埋件的分类管理是很有必要的,部分埋件分类见图3.2。通常情况,在设计未明确时,预埋吊具均采用未经冷加工的HPB300级钢筋制作。采购入库时应对预埋件的规格、型号及数量进行核对,并按照千分之三的频率进行抽检,检验结果应符合设计或规范的要求,检查数据记入埋件检查表,如图3.3。

图3.2 埋件分类储存

××住宅工业有限公司 　　　　　JSDS-JL-SC-21

埋件检查表

NO:

工程名称	水岸(电力)		型号	吸销 M20 L=200
本期数量	4600			
检查数量	15			
检查比例	3‰			
检查结果	合格			
检查日期	2019·5·30			
检查人员	(签名)			

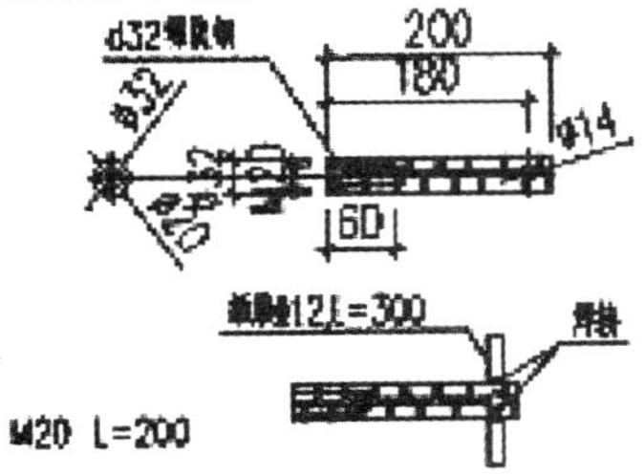

检查件号	A	B	C	D	E	F	焊高	检查结果	检查日期	备注
	200	180	32	20	60	14	300			
1	201	181	32	21	61	15	281	合 否		
2	202	182	33	20	61	16	299	合 否		
3	201	171	32	20	60	15	281	合 否		
4	198	178	33	21	62	14	200	合 否		
5	199	177	33	20	58	15	297	合 否		
6	198	180	33	20	62	15	298	合 否		
7	201	181	32	21	61	14	298	合 否		
8	202	182	32	21	61	14	299	合 否		
9	201	80	32	20	61	15	300	合 否		
10	202	181	32	20	61	14	305	合 否		
11	221	178	33	20	59	15	300	合 否		
12	202	181	32	21	61	16	299	合 否		
13	200	180	33	21	57	14	298	合 否		
14	201	181	33	20	62	14	299	合 否		
15	202	180	32	21	61	15	300	合 否		
16								合 否		
17								合 否		
18								合 否		
19								合 否		
20								合 否		
21								合 否		
22								合 否		
23								合 否		
24								合 否		
25								合 否		

说明：此表为埋件进厂验收，用主体结构受力埋件为全数检查；其预埋件按千分之三频率抽检。

图3.3　埋件检查表记录示例

3.5　材料检测报告示例

相关原材料检测报告示例见图 3.4。

水泥 外委托检验台帐

2019年

序号	样品编号	样品名称	批号	代表数量	质保书编号	送检日期	检测机构名称	报告日期	报告编号	检验结果	备注
1	sn19001	水泥	/	300t	0201086	2019.03.05	江河市检测中心	2019.04.08	0501011900010	合格	
2	sn19002	水泥	/	300t	04029568	2019.04.12	江河市检测中心	2019.5.14	0501011900053	合格	
3	sn19003	水泥	/	300t	0682134	2019.07.05	江河市检测中心	2019.08.07	0501011900070	合格	
4	sn19004	水泥	/	300t	0808659	2019.8.01	江河市检测中心	2019.9.12	8030011900081	合格	
5	sn19005	水泥	/	300t	0909725	2019.9.1	江河市检测中心	2019.10.13	8040011900100	合格	
6	sn19006	水泥	/	300t	1011353	2019.10.5	江河市检测中心	2019.11.02	8010011900123	合格	
7	sn19007	缓凝水泥浆	/	300t	JRA11GRE1901	2019.11.18	江河市检测中心				
8	sn19007	台泥水泥浆	/	300t	JRA11GRE1902	2019.11.10	江河市检测中心				
9	sn19007	4级水粉浆	/	300t	JRA11GRE1903	2019.11.04	江河市检测中心				

（a）水泥检测报告列表

碎石 外委托检验台帐

2019年

序号	样品编号	样品名称	批号	代表数量	质保书编号	送检日期	检测机构名称	报告日期	报告编号	检验结果	备注
1	SG00001	石头	/	300t	/	2019.8.9	江河市检测中心	2019.8.14	8030103215000178	合格	
2	SG00002	碎石	/	300t	/	2019.9.17		2019.9.23	8030103215000001	合格	
3	SG00003	石头	/	300t	/	2019.12.5		2019.11.12	8030103215000002	合格	
4	SG00004	石头	/	300t	/	2019.11.1					
5	SG00005	石头	/	300t	/	2019.12.40					
6	SG00006	石头	/	300t	/	2019.12.76					
7											
8											
9											
10											
11											

（b）碎石检测报告列表

黄砂 外委托检验台帐

2019年

序号	样品编号	样品名称	批号	代表数量	质保书编号	送检日期	检测机构名称	报告日期	报告编号	检验结果	备注
1	hs09001	天然砂	/	500t	/	2019.8.14	江阴市检测中心	2019.8.14	B030/311900043	合格	
2	hs09002	√	/	500t	/	2019.9.17	√	2019.9.23	B030/311900050	合格	
3	hs09003	√	/	500t	/	2019.11.8	√	2019.11.12	B030903118000	合格	
4	hs09004	√	/	500t	√	2019.11.21	√				
5	hs09005	√	/	500t	/	2019.12.10	√				
6	hs09006	√	/	500t	/	2019.12.4	√				
7											
8											
9											
10											
11											

（c）黄砂检测报告列表

外加剂 外委托检验台帐

2019年

序号	样品编号	样品名称	批号	代表数量	质保书编号	送检日期	检测机构名称	报告日期	报告编号	检验结果	备注
1	wj19001	外加剂		50.8t	2019.08.20	2019.08.23	无锡市检测中心	2019.9.18	B004/0619000960	合格	
2	wj19002	外加剂		25.6t	2019.08.20	2019.08.23	无锡市检测中心	2019.9.05	13004/0619002096	合格	
3	wj19003	外加剂		21t	2019.11.01	2019.11.4	无锡市检测中心	2019.12.5	B004/0619000914	合格	
4	wj19004	外加剂		40t							

（d）外加剂检测报告列表

钢筋外委托检验台帐

'09年

序号	样品编号	样品名称	批号	代表数量	质保书编号	送检日期	检测机构名称	报告日期	报告编号	检验结果	备注
122	GJ00132	✓	2	9.59t	X3190600000	9.7	✓	9.7	X3190600000	合格	
123	GJ00123	✓			DG08115	9.6	✓			合格	
124	GJ00124	✓			DG080716	9.6	✓			合格	
125	GJ00125	✓		21.12	X31909199	11.12	✓	11.12	B0310219 0308	合格	
126	GJ00126	✓		20.23	121004217	10.31	✓	10.31	B0310219 0408	合格	
127	GJ00127	✓		7.14	X319090304	10.31	✓	10.31	B0310219 0318	合格	
128	GJ00128	✓		3.97	B319090640	10.31	✓	10.31	B0310219 0408	合格	
129	GJ00129	✓		8.96	B319090800	10.31	✓	10.31	B0310219 0408	合格	
130	GJ00130	✓		11.7	X31909080	10.31	✓	10.31	B0310219 0318	合格	
131	GJ00131	✓		5.97	B419090761	10.31	✓	10.31	B0310219 0318	合格	
132	GJ00132	✓		24.13	X3190901192	10.14	✓	10.15	B0310219 0200	合格	

（e）钢筋检测报告列表

钢筋套筒外委托检验台帐

'19年

序号	样品编号	样品名称	批号	代表数量	质保书编号	送检日期	检测机构名称	报告日期	报告编号	检验结果	备注
1	GJ19-01	钢筋灌浆套筒	✓	1000个		2019.10.8	云锡有限公司	2019.9	B0310023 0001	合格	
2	GJ19-02	✓	✓	1000个		2019.10.6	✓	2019.10.8	B061190006	合格	
3	GJ19-03	✓	✓	1000个		2019.11.6	✓	2019.11.8	B061190007	合格	
4	GJ19-04	✓	✓	1000个		2019.11.6	✓	2019.11.6	B061190008	合格	
5	GJ19-05	✓	✓	1000个		2019.11.6	✓	2019.11.6	B061190009	合格	
6	GJ19-06	✓	✓	1000个		2019.11.6	✓	2019.11.6	B061190010	合格	
7	GJ19-07	✓	✓	1000个		2019.12.2	✓	2019.12.5	B061190011	合格	
8	GJ19-08	✓	✓	1000个		2019.12.2	✓	2019.12.5	B061190012	合格	
9	GJ19-09	✓	✓	1000个		2019.12.2	✓	2019.12.5	B061190013	合格	
10	GJ19-10	✓	✓	1000个		2019.12.2	✓	2019.12.5	B061190019	合格	
11	GJ19-11	✓	✓	1000个		2019.12.2	✓	2019.12.5	B061190120	合格	

（f）灌浆套筒检测报告列表

图 3.4　相关原材料检测报告示例

　　本章详细介绍了装配式混凝土建筑构件预制所涉及的混凝土、钢筋、套筒、起吊相关预埋件等材料的要求,并给出了材料检测报告的示例,使读者对预制构件生产用材料的性能及检测要点有了系统的认识。

4 预制构件生产

预制构件按照产品类型有预制内外墙板、预制楼板、预制楼梯、预制阳台板、预制梁和预制柱等，各类构件的生产工艺流程基本相同，主要包括：生产前准备、模具清理与组装、钢筋加工与安装、预埋件埋设、混凝土浇筑及养护、脱模、质量检查及标识等，典型的预制构件生产工艺流程见图4.1。本章结合预制构件典型生产工艺流程，对生产过程关键环节的技术要点进行详细叙述。

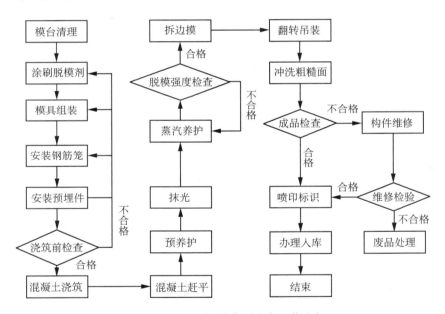

图 4.1 预制构件典型生产工艺流程

预制构件生产宜建立首件验收制度。首件验收制度是指结构较复杂的预制构件或新型构件首次生产或间隔较长时间重新生产时，生产单位需会同建设单位、设计单位、施工单位、监理单位共同进行首件验收，重点检查模具、构件、预埋件、混凝土浇筑成型中存在的问题，确认该批预制构件生产工艺是否合理，质量能否得到保障，共同验收合格之后方可批量生产。

预制构件经检查合格后，宜设置表面标识。预制构件和部品出厂时，应出具质量证明文件。预制构件的表面标识宜包括构件编号、制作日期、合格状态、生产单位等信息。除合同另有要求外,预制构件交付时应提供质量证明文件,并应包括出厂合格证、混凝土强度检验报告、钢筋套筒等其他构件钢筋连接类型的工艺检验报告、合同要求的其他质量证明文件等。目前,有些地方的预制构件生产实行了监理驻厂监造制度,应根据各地方技术发展水平细化预制构件生产全过程监测制度,驻厂监理应在出厂质量证明文件上签字。

预制构件生产单位宜采用现代化的信息管理系统,并建立统一的编码规则和标识系统。信息化管理系统应与生产单位的生产工艺流程相匹配,贯穿整个生产过程,并应与构件 BIM 信息模型有接口,有利于在生产全过程中控制构件生产质量,精确算量,并形成生产全过程记录文件及影像。预制构件表面预埋带无线射频芯片的标识卡(RFID 卡),有利于实现装配式建筑质量全过程控制和追溯,芯片中应存入生产过程及质量控制全部相关信息。

4.1　生产前准备

预制构件生产前准备主要包括:加工详图及生产方案编制、技术交底及人员培训、原材料及配件进场、设备检查调试等。

4.1.1　加工详图及生产方案编制

预制构件生产前,应审核预制构件深化设计图纸。必要时,应根据批准的设计文件、拟定的生产工艺、运输方案、吊装方案等编制加工详图。即当原设计文件深度不够,不足以指导生产时,需要生产单位或专业公司另行制作加工详图,如加工详图与设计文件意图不同时,应经原设计单位认可。加工详图包括:预制构件模具图、配筋图;满足建筑、结构和机电设备等专业要求和构件制作、运输、安装等环节要求的预埋件布置图;面砖或石材的排版图,夹芯保温外墙板内外叶墙拉结件布置图和保温板排板图等。

预制构件生产前应编制生产方案,生产方案宜包括生产计划及生产工艺、模具方案及计划、技术质量控制措施、成品存放、运输和保护方案等。必要时,应对预制构件脱模、吊运、码放、翻转及运输等工况进行计算。冬期生产时,可参照现行行业标准《建筑工程冬期施工规程》(JGJ/T 104)的有关规定编制生产方案。

预制构件生产前应根据确定的生产方案,编制相关生产计划文件,包括构件生产总体计划、模具计划、原材料及配件进场计划、构件生产计划及物流管理计划等。

预制构件生产宜根据构件形状、尺寸及数量等不同参数情况,选择移动模台或固定模台生产线生产。移动模台生产可充分利用机械设备代替人工,生产效率较高,但对构件有一定要求,如养护窑对构件形状与厚度有直接限制;固定模台生产主要依靠人工作业,生产效率相对较低,但对预制构件几乎没有特殊要求,可以生产各类构件,尤其适用于异型构件的生产。具体生产过程中,应灵活选择,发挥工厂生产线及产业工人的最大综合效能。

4.1.2　技术交底及人员培训

预制构件生产前,应由建设单位组织设计、生产、施工单位进行设计文件交底和会审。交底内容主要是针对项目中各类构件项目概况、设计要求、技术质量要求、生产措施与方法等方面进行一系列较为详细的技术性交代。

预制构件生产前,应对相关岗位的人员进行技术操作培训,使其具备各自岗位需要的基础知识和技能水平。对有从业证书要求的,还应具有相应证书。

4.1.3　原材料及配件进场

原材料及配件进场时,应对其规格、型号、外观和质量证明文件进行检查,需要进行复验的应在复验结果合格后方可使用,尤其要注重预制构件的混凝土原材料质量、钢筋加工和连接的力学性能、混凝土强度、构件结构性能、装饰材料、保温材料及拉结件的质量等方面的检查和检验。

材料进场后,应按种类、规格、批次分开储存与堆放,并应标识明晰。储存与堆放条件不应影响材料品质。

4.1.4　设备调试检查

预制构件生产前,应对各种生产机械、设备进行安装调试、工况检验和安全检查,确认其符合相关要求。

4.2　模具清理与组装

预制构件模具,是以特定的结构形式通过一定方式使材料成型的一种工业产品,同时也是能成批生产出具有一定形状和尺寸要求的工业产品零部件的一种生产工具。预制构件模具是预制构件生产的主要要素之一,其设计形式是否先进合理会直接影响构件生产效率和产品质量。预制构件模具(图 4.2)以钢模为主,面板主材一般选用 Q235 钢板,支撑结构可选型钢或者钢板,规格可根据模具形式选择,并应满足以下要求:应具有足够的承载力、刚度和稳定性,保证在构件生产时能可靠承受浇筑混凝土的重量、侧压力及工作荷载;便于钢筋安装和混凝土浇筑、养护;模具的部件与部件之间应连接牢固;预制构件上的预埋件均应有可靠固定措施。

预制构件模具应该在保证质量和构件外形尺寸的前提下做到:拆卸方便,提高生产效率;提高模具通用性和周转次数,降低采购成本;尽量采用全激光下料,提高模具质量。

预制构件模具清理与组装主要包括模具清理、模具组装、涂刷脱模剂以及必要的涂刷水洗剂等工序。

<table>
<tr><td>(a) 预制墙模具</td><td>(b) 预制柱模具</td></tr>
<tr><td>(c) 预制梁模具</td><td>(d) 预制板模具</td></tr>
<tr><td>(e) 楼梯模具</td><td>(f) 阳台板模具</td></tr>
</table>

图 4.2　典型预制构件模具

4.2.1 模具清理

对于移动模台生产线的底模,可利用驱动装置驱动底模至清理工位,清扫机大件挡板挡住大块的混凝土块,防止大块混凝土进入清理机内部损坏设备。立式旋清电机组对底面进行精细清理,将附着在底板表面的小块混凝土残余清理干净。风刀对底模表面进行最终清理,回收箱收集清理的混凝土废渣,并输送至车间外部存放处理。其他模具以及不具备机械清理的移动模台及固定模台生产线的底模仍然需要人工清理。

模具清理的基本要求为:

① 用钢丝球或刮板将模具表面残留的混凝土与其他杂物清理干净,使用角磨机将模板表面打磨干净,使用压缩空气将模具内腔吹干净,以用手擦拭手上无浮灰为准。

② 所有模具拼接处均用刮板清理干净,保证无杂物残留,确保模具组装时无尺寸偏差。

③ 清理模具各基准面边沿,以保证抹面时厚度要求。

④ 清理模具工装,保证无残留混凝土。

⑤ 模具油漆区清理干净,并注意经常涂油保养。

⑥ 及时清扫作业区域,清理下来的混凝土残灰和其他杂物及时收集到指定的垃圾桶内。

⑦ 模具清理完成后,必须整齐、规范地堆放在固定位置。

模具清理的部分过程照片见图4.3。

　　　　（a）机械清理　　　　　　　　　　　（b）人工清理

图4.3　模具清理

4.2.2　模具组装

模具组装就是将模具零件组合装配在一起,形成符合预制构件外形、尺寸及预留预埋要求的模具的过程。模具组装质量将直接影响构件成型质量,也会影响模具的寿命及使用性能。

模具组装的基本要求为:

① 组模前应检查模具是否到位,如发现模具清理不干净,不得组模,需将模具重新清理干净。

② 组模前应仔细检查模具是否有损坏、缺件现象,损坏、缺件的模具应及时维修或者更换。

③ 选择正确型号侧板进行拼装,如侧模、门模、窗模等应对号拼装;拼装时不得漏放紧固螺栓、固定磁盒及各种零件,并安装可靠,如窗模内固定磁盒至少放4个,确保磁盒按钮按实,磁盒与底模完全接触,磁盒表面保持干净;拼装部位应黏贴密封胶条,密封胶条黏贴要平直、无间断、无皱褶,不应在构件转角处搭接,组模前应仔细检查密封胶条,及时替换损坏的胶条。

④ 各部位螺丝校紧,模具拼接部位不得有间隙。

⑤ 安装磁盒用橡胶锤,严禁使用铁锤或其他重物打击。

模具组装的部分过程照片见图4.4。

图4.4　模具组装

除设计有特殊要求外,预制构件模具尺寸偏差和检验方法应符合表 4.1 的规定。

表 4.1 预制构件模具尺寸允许偏差和检验方法

项次	检验项目、内容		允许偏差/mm	检验方法
1	长度	≤6m	1,-2	用尺量平行构件高度方向,取其中偏差绝对值较大处
		>6m 且≤12m	2,-4	
		>12m	3,-5	
2	宽度、高(厚)度	墙板	1,-2	用尺量两端或中部,取其中偏差绝对值较大处
3		其他构件	2,-4	
4	底模表面平整度		2	用 2m 靠尺和塞尺量
5	对角线差		3	用尺量对角线
6	侧向弯曲		$L/1500$ 且≤5	拉线,用钢尺量侧向弯曲最大处
7	翘曲		$L/1500$	对角拉线测量交点间距离值的两倍
8	组装缝隙		1	用塞片或塞尺量测,取最大值
9	端模与侧模高低差		1	用钢尺量

预制构件中预埋门窗框时,应在模具上设置限位装置进行固定,并应逐件检验。门窗框安装偏差和检验方法应符合 4.2 的规定。

表 4.2 门窗框安装允许偏差和检验方法

项目		允许偏差/mm	检验方法
锚固脚片	中心线位置	5	钢尺检查
	外露长度	+5,0	钢尺检查
门窗框位置		2	钢尺检查
门窗框高、宽		±2	钢尺检查
门窗框对角线		±2	钢尺检查
门窗框的平整度		2	靠尺检查

对于自动化流水生产线,可实现自动画线和机械化组模。通过系统配置的图形转换软件,可将 CAD 绘制的预制构件模板图(包括模板的尺寸及模板在模台上的相对位置),转换为画线机可识读的文件,并传送至画线机主机上,画线机械手则根据预先编制的程序,在模台上完成模板安装及预埋件安装的位置线的画线工作。整个画线过程不需要人工干预,全部由机械自动完成,线条粗细可调,画线速度可调,并可根据构件模具尺寸,对模台上构件布局进行优化,提高模台的空间使用效率。

机械手模具组装部分过程照片见图 4.5。

图 4.5 机械手模具组装

4.2.3 涂刷脱模剂

脱模剂可以采用人工涂刷或机械喷涂的方式,人工涂刷脱模剂的部分过程照片见图 4.6。

人工涂刷脱模剂的基本要求为:

① 涂刷脱模剂前,应检查模具是否干净、无浮灰。

② 宜采用水性脱模剂。

③ 用干净抹布蘸取脱模剂,拧至不自然下滴为宜,均匀涂抹在底模及模具内腔,保证无漏涂,并需时刻保证抹布及脱模剂干净、无污染。

④ 涂刷脱模剂后,底模表面不允许有明显痕迹,可用抹布或海绵条将多余脱模剂清理干净。

图 4.6 涂刷脱模剂

⑤ 工具使用后清理干净,整齐放入指定工具箱内,并及时清扫作业区域,垃圾放入指定垃圾桶内。

机械喷涂过程为:驱动装置驱动底模至涂脱模剂工位,喷油机的喷油管对底模表面进行脱模剂喷洒,抹光器对底模表面进行扫抹,使脱模剂均匀地涂在底模表面。喷涂机采用高压超细雾化喷嘴,实现可均匀喷涂脱模剂,脱模剂厚度、喷涂范围可以通过调整喷嘴的参与作业的数量、喷涂角度及模台运行速度来调整。

4.2.4 涂刷水洗剂

露骨料混凝土技术利用水洗剂延缓表面混凝土的终凝,通过高压水冲洗混凝土表面,冲洗掉未终凝混凝土的水泥砂浆后,使得混凝土表面露出半个骨料,见图 4.7。露出骨料形成了混凝土自然级配的粗糙面,后浇混凝土的砂浆可充分握裹住旧混凝土中的骨料,使先后浇筑的混凝土紧紧地连在一起,保证共同工作的性能,是一种重要的预制混凝土构件粗糙面成型工艺。

图 4.7　预制构件露骨料粗糙面

涂刷水洗剂的基本要求为:

① 由于露骨料部位往往是要新浇混凝土的部位,对构件表面尺寸的精度要求不是很高,因此使用过程中不要每次都清理模具表面黏附的水泥,可将水洗剂直接涂刷在水泥表面,更容易吸附并干透,同时可以保持模具水泥里面的水洗剂逐步缓释,使用效果更好,这也是减少每次涂刷用量、节约水洗剂的方法。

② 当模具太光滑时,对水洗剂的沾附力不强,可以在模具表面先涂刷一层素水泥砂浆(厚度约 1 mm),待干透后再涂刷水洗剂,可提高黏附力和渗透性。

③ 当需要实行蒸汽养护时,应使用耐高温型水洗剂(一般需单独定制),并选择合适的冲刷时机;当拆模时间超过 24 h,水洗剂应选用长效型(一般需单独定制),最长可保持 72 h 冲刷仍达到要求的深度。

④ 应采用毛刷涂刷,严禁使用其他工具。

⑤ 应在指定的部位涂刷,严禁在其他部位使用,严禁涂刷到钢筋上。

⑥ 应涂刷均匀,严禁有流淌、堆积现象。

⑦ 涂刷厚度不少于 2 mm,且需涂刷两次,两次涂刷的时间间隔不少于 20 min。

4.3　钢筋加工与安装

对于预制混凝土构件,钢筋加工与安装质量对构件质量起着决定性作用,且钢筋加工与安装又属于隐蔽工程,在混凝土浇筑后,其质量难以检查,因此,对钢筋加工与安装必须进行严格的质量控制,以确保构件的质量。

钢筋加工与安装主要内容包括钢筋加工(钢筋配料、钢筋除锈、钢筋调直、钢筋切断、钢筋弯曲、加工质量检验)、钢筋机械连接、钢筋焊接连接及钢筋安装(钢筋绑扎、钢筋网与钢筋骨架安装、安装质量控制、成品保护)等。

4.3.1　钢筋配料

钢筋配料是预制构件钢筋的深化设计,即根据构件配筋图,先绘出各种形状和规格的单根钢筋简图并编号,然后分别计算钢筋下料长度和根数,填写配料单。

钢筋配料时应优化配料方案,钢筋配料优化可采用编程法和非编程法。编程法钢筋配料优化是运用计算机编程软件,通过编制钢筋优化配料程序,寻找用量最省的下料方法,快速、准确地提供钢筋利用率最佳的优化下料方案,并以表格、文字形式输出,供钢筋加工时使用;非编程法钢筋配料优化是通过电子表格软件(如 Excel)中构造钢筋截断方案,进行配料优化计算,选择较优化的下料方案,并以表格、文字形式输出,供钢筋加工时使用。

钢筋配料剩下的钢筋头应充分利用,可通过机械连接或焊接、加工等工艺手段,提高钢筋利用率,节约资源。

(1) 钢筋下料长度计算

钢筋因弯曲或弯钩会使其长度变化,在配料中不能直接根据图纸中尺寸进行下料,必须了解混凝土保护层、钢筋弯曲、弯钩等规定,再根据图中尺寸计算其下料长度。

各种钢筋下料长度计算如下:

① 直钢筋下料长度＝构件长度—保护层厚度＋弯钩增加长度

② 弯起钢筋下料长度＝直线长度＋斜段长度—弯曲调整值＋弯钩增加长度

③ 箍筋下料长度＝箍筋周长＋箍筋调整值

若钢筋搭接,则应增加钢筋搭接长度。

对于弯曲调整值,主要考虑钢筋弯曲后的变形特点。钢筋弯曲后除在弯曲处形成圆弧外,其沿钢筋轴线方向会产生变形,以轴线为界,往外凸的部分(钢筋外皮)受拉伸而长度增加,往里凹的部分(钢筋内皮)受压缩而长度减小,因此,弯曲钢筋的量度尺寸(外包尺寸)大于下料尺寸,而其差值称为弯曲调整值或量度差值。钢筋弯折时,弯弧内直径一般和钢筋直径有关,因此,弯曲调整值一般与钢筋直径有关,表示为钢筋直径的倍数。

对于弯钩增加长度,弯钩形式主要有三种,即半圆弯钩(180°)、直弯钩(90°)及斜弯钩(135°),其计算原理与弯曲调整值相同。

在生产实践中,由于实际弯弧内直径与理论弯弧内直径有时不一致,钢筋粗细和机具条件不同而影响平直部分的长短(手工弯钩时平直部分可适当加长,机械弯钩时可适当缩短),因此,在实际配料计算时,对弯曲调整值常根据具体条件,采用经验数据,参见表 4.3。

表 4.3 钢筋弯曲调整值

钢筋弯曲角度	30°	45°	60°	90°	135°
钢筋弯曲调整值	0.3d	0.5d	1d	2d	3d

注:d 为钢筋直径。

配料计算中的注意事项包括:在设计图纸中,钢筋配置的细节问题没有注明时,一般可按照构造要求处理;配料计算时,应考虑钢筋的形状和尺寸在满足设计要求的前提下有利于加工安装;配料时,还要考虑施工需要的附加钢筋,例如,墙板双层钢筋网中固定钢筋间距用的钢筋撑铁、柱钢筋骨架增加四面斜支撑、后张预应力构件固定预留孔道位置的定位钢筋等。

(2)配料单与料牌

钢筋配料计算完毕,填写配料单。列入加工计划的配料单,将每一编号的钢筋制作一块料牌,作为钢筋加工的依据和钢筋安装的标志。

钢筋配料单和料牌,应严格校核,必须准确无误,以免返工浪费。

4.3.2 钢筋除锈

钢筋的表面应洁净。油渍、漆污和用锤敲击时能剥落的浮皮、铁锈等应在使用前清除干净。在焊接前,焊点处的水锈应清除干净。钢筋除锈可采用机械除锈和手工除锈两种方法。

机械除锈可采用钢筋除锈机或钢筋冷拉、调直过程除锈。对直径较细的盘条钢筋,通过冷拉和调直过程自动除锈,粗钢筋采用圆盘钢丝刷除锈机除锈。

手工除锈可采用钢丝刷、砂盘、喷砂等除锈或酸洗除锈。工作量不大或在工地设置的临时工棚中操作时,可用麻袋布擦或用钢刷子刷;对于较粗的钢筋,用砂盘除锈法,即制作钢槽或木槽,槽内放置干燥的粗砂和细石子,将有锈的钢筋穿进砂盘中来回抽拉。

对于有起层锈片的钢筋,应先用小锤敲击,使锈片剥落干净,再用砂盘或除锈机除锈;对于因麻坑、斑点以及锈皮去蹭而使截面损伤的钢筋,使用前应鉴定是否降级使用或另做其他处置。

4.3.3 钢筋调直

钢筋应平直,无局部曲折。对于盘条钢筋在使用前应调直,调直可采用调直机调直和卷扬机冷拉调直两种方法。

采用调直机调直时,需根据钢筋的直径选用牵引辊和调直模,并要正确掌握牵引辊的压紧程度和调直模的偏移量。牵引辊槽宽,一般在钢筋穿过辊间之后,保证上下压辊间有3 mm 以内的间隙为宜。压辊的压紧程度要做到既保证钢筋能顺利地被牵引前进,却无明显的转动,而在被切断的瞬时,钢筋和压辊间又能允许发生打滑。调直模的偏移量,根据其磨耗程度及钢筋品种,通过试验确定。调直筒两端的调直模一定要在调直前后导孔的轴心线上。

冷拔低碳钢丝经调直机调直后,其抗拉强度一般要降低 10%～15%,使用前应加强检验,按调直后的抗拉强度选用。

采用冷拉方法调直盘圆钢筋时,可采用控制冷拉率[钢筋冷拉时其弹性和塑性变形的总伸长值与钢筋原长之比值(%)]方法,HPB300 级钢筋的冷拉率不宜大于 4%,HRB335 级、HRB400 级及 RRB400 级冷拉率不宜大于 1%。冷拉后钢筋的实际伸长值应扣除弹性回缩值,一般为 0.2%～0.5%,冷拉多根连接的钢筋,冷拉率可按总长计,但冷拉后每根钢筋的冷拉率应符合要求。钢筋应先拉直,然后量其长度再进行冷拉。钢筋冷拉速度不宜过快,一般直径 6～12 mm 盘圆钢筋控制在 6～8 m/min,待拉到规定的冷拉率后,须稍停 2～3 min,然后再放松,以免弹性回缩值过大。在负温下冷拉调直时,环境温度不应低于－20 ℃。

4.3.4　钢筋切断

钢筋切断机有断线钳、手压切断器、手动液压切断器和钢筋切断机等。在切断过程中,如发现钢筋有劈裂、缩头或严重的弯头等必须切除。

将同规格钢筋根据不同长度长短搭配,应统筹排料,一般应先断长料,后断短料,以减少短头接头和损耗。断料应避免用短尺量长料,以防止在量料中产生累计误差,宜在工作台上标出尺寸刻度并设置控制断料尺寸用的挡板。钢筋的断口,不得有马蹄形或起弯等现象。

4.3.5　钢筋弯曲

钢筋弯曲可采用机械成型,如钢筋弯曲机、弯箍机等,也可采用手工弯曲工具,由手摇扳手弯制细钢筋,卡筋与扳头弯制粗钢筋。

HPB300 级钢筋末端应做 180°弯钩,其弯弧内直径不应小于钢筋直径的 2.5 倍,弯钩后的平直部分长度不应小于钢筋直径的 3 倍。当设计要求钢筋末端需做 135°弯钩时,HRB335 级、HRB400 级钢筋弯弧内直径不小于钢筋直径的 4 倍,弯钩后的平直部分长度应符合设计要求。钢筋做不大于 90°弯折时,弯折处的弯弧内直径不应小于钢筋直径的 5 倍。

除焊接封闭箍筋外,箍筋的末端应做弯钩,弯钩的形式应符合设计要求,当设计无要求时,箍筋、拉筋弯钩的弯弧内直径应不小于受力钢筋直径;箍筋、拉筋弯钩的弯折角度,对于一般结构不应小于 90°,对于有抗震要求的应为 135°;箍筋、拉筋弯后平直部分长度,对于一般结构不宜小于钢筋直径的 5 倍,对于有抗震要求的不应小于箍筋、拉筋直径的 10 倍和 75 mm 的较大值。

对 HRB335、HRB400、HRB500 级钢筋,不能过量弯曲再回弯,以免弯曲点处发生裂纹;第 1 根钢筋弯曲成型后与配料表进行复核,符合要求后再成批加工;对于复杂的弯曲钢筋,如预制柱牛腿等,宜先弯 1 根,经过试组装后,方可成批弯制。

4.3.6 钢筋加工质量检验

（1）主控项目

受力钢筋的弯钩和弯折应符合现行规范的规定。

检查数量：按每工作班同一类型钢筋、同一加工设备抽查不应少于 3 件。

检查方法：钢尺检查。

（2）一般项目

① 钢筋宜采用机械调直方法，也可采用冷拉调直方法。当采用冷拉方法调直钢筋时，钢筋调直冷拉延伸率应符合相关规定。

② 钢筋加工的形状、尺寸应符合设计要求，其偏差应符合表 4.4 的规定。

检查数量与方法，与主控项目相同。

表 4.4　钢筋加工的允许偏差

项目	允许偏差/mm
受力钢筋顺长度方向全长的净尺寸	±10
弯起钢筋的弯折位置	±20
箍筋内净尺寸	±5

4.3.7 钢筋焊接连接

钢筋焊接方法有电阻点焊、闪光对焊、电弧焊、电渣压力焊和气压焊等，应采用合理的焊接工艺，并执行严格的质量检验，确保焊接连接接头质量。

钢筋焊接接头连接区段的长度为 $35d$（d 为连接钢筋的较小直径）且不小于 500 mm，凡接头中点位于该连接区段长度内的焊接接头均属于同一连接区段。纵向受拉钢筋接头面积百分率不宜大于 50%，但对预制构件的拼接处，可根据实际情况放宽。纵向受压钢筋的接头面积百分率不受限制。当直接承受动力荷载的构件纵向受拉钢筋必须采用焊接接头时，接头面积百分率不应大于 25%，焊接接头连接区段的长度取为 $45d$（d 为纵向受力钢筋的较大直径）。

钢筋焊接应符合下列规定：

（1）细晶粒热轧钢筋 HRBF335、HRBF400、HRBF500 施焊时，可采用与 HRB335、HRB400、HRB500 钢筋相同的或者近似的，并经试验确认的焊接工艺参数。直径大于 28 mm 的带肋钢筋，焊接参数应经试验确定；余热处理钢筋不宜焊接。

（2）电渣压力焊适用于柱、墙、构筑物等现浇混凝土结构中竖向受力钢筋的连接；不得在竖向焊接后横置于梁、板等构件中做水平钢筋使用。

（3）在正式焊接之前，参与该项施焊的焊工应进行现场条件下的焊接工艺试验，并经试验合格后,方可正式生产。试验结果应符合质量检验与验收时的要求。焊接工艺试验的资料应存入工程档案。

(4) 钢筋焊接施工之前,应清除钢筋、钢板焊接部位以及钢筋与电极接触处表面上的锈斑、油污、杂物等;钢筋端部当有弯折、扭曲时,应予以矫直或切除。

(5) 带肋钢筋闪光对焊、电弧焊、电渣压力焊和气压焊,宜将纵肋对纵肋安放和焊接。

(6) 焊剂应存放在干燥的库房内,若受潮时,在使用前应经 250~350 ℃烘焙 2 h。使用中回收的焊剂应清除熔渣和杂物,并应与新焊剂混合均匀后使用。

(7) 两根同牌号、不同直径的钢筋可进行闪光对焊、电渣压力焊或气压焊,闪光对焊时直径差不得超过 4 mm,电渣压力焊或气压焊时,其直径差不得超过 7 mm。焊接工艺参数可在大、小直径钢筋焊接工艺参数之间偏大选用,两根钢筋的轴线应在同一直线上。对接头强度的要求,应按较小直径钢筋计算。

(8) 两根同直径、不同牌号的钢筋可进行电渣压力焊或气压焊,其钢筋牌号应符合相关要求,焊接工艺参数按较高牌号钢筋选用,对接头强度的要求按较低牌号钢筋强度计算。

(9) 进行电阻点焊、闪光对焊、埋弧压力焊时,应随时观察电源电压的波动情况,当电源电压下降大于 5%、小于 8%时,应采取提高焊接变压器级数的措施;当大于或等于 8%时,不得进行焊接。

(10) 在环境温度低于-5 ℃条件下施焊时,焊接工艺应符合下列要求:

① 闪光对焊,宜采用预热—闪光焊或闪光—预热—闪光焊;可增加调伸长度,采用较低变压器级数,增加预热次数和间歇时间。

② 电弧焊时,宜增大焊接电流,减低焊接速度。电弧帮条焊或搭接焊时,第一层焊缝应从中间引弧,向两端施焊;以后各层控温施焊,层间温度控制在 150~350 ℃之间。多层施焊时,可采用回火焊道施焊。

(11) 当环境温度低于-20 ℃时,不宜进行各种焊接。雨天、雪天不宜在现场进行施焊;必须施焊时,应采取有效遮蔽措施,焊后未冷却接头不得碰到冰雪。在现场进行闪光对焊或电弧焊,当超过四级风力时,应采取挡风措施。进行气压焊,当超过三级风力时,应采取挡风措施。

(12) 焊接设备应经常维护保养和定期检修,确保正常使用。

各种钢筋焊接方法的焊接工艺要求、质量检验标准与验收内容可参考现行行业标准《钢筋焊接及验收规程》(JGJ 18)。

4.3.8 钢筋机械连接

钢筋连接时,宜选用机械连接接头,并优先采用直螺纹接头。钢筋机械连接方法分类及适用范围见表 4.5。钢筋机械连接接头的设计、应用及验收应符合现行行业标准《钢筋机械连接技术规程》(JGJ 107)和各类机械连接接头技术规程的规定。

表 4.5 钢筋机械连接方法分类及适用范围

机械连接方法		适用范围	
		钢筋级别	钢筋直径/mm
钢筋套筒挤压连接		HRB335、HRB400 HRBF335、HRBF400 HRB335E、HRBF335E、 HRB400E、HRBF400E RRB400	16～40
钢筋镦粗直螺纹套筒连接		HRB335、HRB400 HRBF335、HRBF400 HRB335E、HRBF335E、 HRB400E、HRBF400E	16～40
钢筋滚轧 直螺纹连接	直接滚轧	HRB335、HRB400、RRB400 HRBF335、HRBF400 HRB335E、HRBF335E、 HRB400E、HRBF400E	16～40
	挤肋滚轧		16～40
	剥肋滚轧		16～40

根据抗拉强度以及高应力和大变形条件下反复拉压性能的差异,接头分为三个等级,见表 4.6。

表 4.6 钢筋机械连接接头等级

等级	性能	
	抗拉强度	反复拉压性能
Ⅰ级	接头抗拉强度等于被连接钢筋的实际拉断强度或不小于 1.10 倍钢筋抗拉强度标准值	残余变形小,并具有高延性及反复拉压性能
Ⅱ级	接头抗拉强度不小于被连接钢筋抗拉强度标准值	残余变形较小,并具有高延性及反复拉压性能
Ⅲ级	接头抗拉强度不小于被连接钢筋屈服强度标准值的 1.25 倍	残余变形较小,并具有一定的高延性及反复拉压性能

接头等级的选定应符合下列规定:

(1)混凝土结构中要求充分发挥钢筋强度或对延性要求较高的部位应优先选用Ⅱ级接头。当在同一连接区段内必须实施 100% 钢筋接头的连接时,应采用Ⅰ级接头。

(2)混凝土结构中钢筋应力较高但对延性要求不高的部位可采用Ⅲ级接头。

钢筋机械连接接头连接区段的长度为 $35\,d$(d 为连接钢筋的较小直径),凡接头中点位于该连接区段长度内的机械连接接头均属于同一连接区段。同一连接区段内,纵向受力钢筋的接头面积百分率应符合设计要求,当设计无具体要求时,应符合下列规定:

① 纵向受拉钢筋接头面积百分率不宜大于 50%,但对板、墙、柱及预制构件的拼接处,可根据实际情况放宽。纵向受压钢筋的接头百分率不受限制。

② 设置在有抗震设防要求的框架梁端、柱端的箍筋加密区的机械连接接头,不应大于 50%。

③ 直接承受动力荷载的结构构件中,当采用机械连接接头时,不应大于 50%。

预制构件钢筋连接采用半灌浆套筒时,非灌浆端一般采用滚轧直螺纹连接,钢筋需加工套丝,其加工质量要求包括:

(1) 对端部不直的钢筋要预先调直,切口的端面应与轴线垂直,不得有马蹄形或挠曲,应采用带锯、砂轮锯或带圆弧形刀片的专用钢筋切断机切平,按配料长度逐根进行切割。

(2) 镦粗头不应有与钢筋轴线相垂直的横向裂纹,镦粗直螺纹钢筋接头有时会在钢筋镦粗段产生沿钢筋轴线方向的表面裂纹。国内外试验均表明,这类裂纹不影响接头性能,因此,允许出现这类裂纹,但横向裂纹则是不允许的。

(3) 钢筋丝头加工应使用水性切削液,不得使用油性润滑液。当气温低于 0 ℃时,应掺入 15%~20% 亚硝酸钠。严禁用机油作切削液或不加切削液加工丝头。

(4) 钢筋丝头的加工质量应满足表 4.7 的规定,每加工 10 个丝头用通止环规检查一次,检查示意见图 4.8。

表 4.7　钢筋丝头加工允许偏差

序号	检验项目	量具	检验要求
1	抗拉强度	目测、卡尺	牙型完整,螺纹大径低于中径的不完整丝扣累计长度不得超过两螺纹周长
2	丝头长度	卡尺、专用量规	钢筋丝头长度应满足产品设计要求,极限偏差应为 0~1.0 P;拧紧后钢筋在套筒外露丝扣长度应大于 0 扣,且不超过 1 扣
3	螺纹直径	螺纹环规	钢筋丝头宜满足 6 f 级精度要求,检查工件时,合格的工件应当能通过通端而不能通过止端,即螺纹完全旋入环通规,而旋入环止规不超过 3 P,即判定螺纹尺寸合格

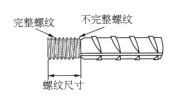

完整螺纹　　不完整螺纹

螺纹尺寸

专用螺纹环规

图 4.8　钢筋丝头检查示意

半灌浆套筒机械连接端的钢筋丝头连接安装时可用管钳扳手拧紧,安装后应用扭矩扳手校核拧紧扭矩,最小拧紧扭矩值应符合表 4.8 的规定。校核用扭矩扳手的准确度级别可选用 10 级。

表 4.8　接头组装时的最小扭矩值

钢筋直径/mm	≤16	18～20	22～25	28～32	36～40
最小扭矩/N·m	80（铸造灌浆套筒） 100（机械加工灌浆套筒）	200	260	320	360

经拧紧后的滚压直螺纹接头应随手刷上红漆以做标识，单边外露丝扣长度不应超过1 扣。

4.3.9　钢筋绑扎

钢筋绑扎的准备工作包括：

（1）熟悉设计图纸，并根据设计图纸核对钢筋的牌号、规格，根据下料单核对钢筋的规格、尺寸、形状、数量等。

（2）准备好绑扎用的工具，主要包括钢筋钩或全自动绑扎机、撬棍、扳子、绑扎架、钢丝刷、石笔（粉笔）、尺子等。

（3）绑扎用的铁丝一般采用 20～22 号镀锌铁丝，直径≤12 mm 的钢筋采用 22 号铁丝，直径＞12 mm 的钢筋采用 20 号铁丝。铁丝的长度只要满足绑扎要求即可，一般是将整捆的铁丝切割为 3～4 段。

（4）准备好控制保护层厚度的砂浆垫块或塑料垫块、塑料支架等，见图 4.9。砂浆垫块需提前制作，以保证其有一定的抗压强度，防止使用时粉碎或脱落。为保证预制构件质量，一般要求其抗压强度较混凝土强度至少高 1 个等级。砂浆垫块大小一般为 50 mm×50 mm，厚度为设计保护层厚度。墙、柱或梁侧等竖向钢筋的保护层垫块在制作时需埋入绑扎丝。塑料垫块有两类，一类是梁、板等水平构件钢筋底部的垫块，另一类是墙、柱等竖向构件钢筋侧面保护层的垫块。

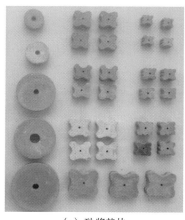

（a）砂浆垫块　　　　　　　　　　（b）塑料垫块

图 4.9　保护层垫块

055

钢筋绑扎搭接接头的要求包括：

（1）绑扎搭接宜用于受拉钢筋直径不大于 25 mm 以及受压钢筋直径不大于 28 mm 的连接，轴心受拉及小偏心受拉构件、直接承受动力荷载的构件的纵向受力钢筋不得采用绑扎搭接。

（2）钢筋绑扎搭接接头连接区段的长度为 $1.3l_l$（l_l 为搭接长度），凡搭接接头中点位于该连接区段长度内的搭接接头均属于同一连接区段。同一连接区段内，纵向受拉钢筋搭接接头面积百分率应符合设计要求，当设计无具体要求时，应符合下列规定：

① 对梁类、板类及墙类构件，不宜大于 25%；

② 对柱类构件，不宜大于 50%；

③ 当工程中确有必要增大接头面积百分率时，对梁类构件不应大于 50%；对板、墙、柱及预制构件的拼接处，可根据实际情况放宽；

④ 纵向受压钢筋搭接接头面积百分率，不宜大于 50%；

⑤ 并筋采用绑扎连接时，应按每根单筋错开搭接的方式连接，接头面积百分率应按同一连接区段内所有的单根钢筋计算。

（3）钢筋的绑扎接头应在接头中心和两端用铁丝扎牢。同一构件中相邻纵向受力钢筋的绑扎搭接接头宜相互错开，相邻两个绑扎点的方向应相反。绑扎搭接接头中钢筋的横向净距不应小于钢筋直径，且不应小于 25 mm。

（4）绑扎前对钢筋质量进行检查，确保钢筋表面无锈蚀、污垢。

（5）严格按照图纸进行绑扎，保证外露钢筋的外露尺寸，保证主筋及箍筋的间距和位置，保证钢筋保护层厚度，所有尺寸误差均不得超过《混凝土结构工程施工质量验收规范》（GB 50204）的规定，严禁私自改动钢筋骨架结构。

（6）拉筋绑扎应严格按图施工，拉筋应勾在受力主筋上，不准漏放，135°钩靠下，直角钩靠上，待绑扎完成后再手工将直角钩弯下成 135°。

（7）成品及半成品钢筋笼挂牌后按照型号存放。

4.3.10 钢筋网与钢筋骨架安装

为便于运输及吊装，绑扎钢筋网的尺寸不宜过大，一般以两个方向的边长均不超过 5 m 为宜。对钢筋骨架，如果在现场绑扎成型，长度一般不超过 12 m；如果是场外绑扎成型，长度一般不超过 9 m。对于尺寸较大的钢筋网，运输和吊装时应采取防止变形的措施，如在钢筋网上绑扎两道斜向钢筋形成"X"形，防变形钢筋应在吊装就位后拆除。

钢筋骨架的长度不大于 6 m 时，可采用两点吊装，当长度大于 6 m 时，应采用钢扁担 4 点吊装。钢筋骨架的防变形措施可与钢筋网相同。

钢筋焊接网指具有相同或不同直径的纵向和横向钢筋分别以一定间距垂直排列，全部交叉点均用电阻点焊在一起的钢筋网片。钢筋焊接网分为定型焊接网和定制焊接网两种。定型焊接网在两个方向上的钢筋间距和直径可以不同，但在同一方向上的钢筋宜有相同的直径、间距和长度；定制焊接网的形状、尺寸可根据设计和施工要求，由供需双方协商确定。钢筋焊接网可通过机械化流水加工,适用于预制楼板钢筋及预制墙板钢筋,也可用于梁柱箍筋笼的成型,即采用附加纵筋先将梁柱箍筋焊接成平面网片,然后用弯折机弯成设计形状尺寸的焊接箍筋骨架。

钢筋焊接网成型后,应按不同规格分类堆放,并设置料牌,防止错用。钢筋焊接网安装时,下层钢筋网需设置保护层垫块,其间距应根据焊接钢筋网的规格大小适当调整,一般为500~1 000 mm。双层钢筋网之间应设置钢筋马凳或支架,以控制两层钢筋网的间距,马凳或支架的间距一般为500~1 000 mm。对需要绑扎搭接的焊接钢筋网,每个交叉点均要绑扎牢固,并满足钢筋绑扎的相关要求。

4.3.11　钢筋安装质量控制

1. 隐蔽验收

在混凝土浇筑之前,应进行钢筋隐蔽工程验收,其内容包括:

① 纵向受力钢筋的品种、规格、数量、位置等;

② 钢筋的连接方式、接头位置、接头数量、接头面积百分率等;

③ 箍筋、横向钢筋的品种、规格、数量、间距等;

④ 预埋件的规格、数量、位置等。

2. 钢筋连接

(1) 主控项目

① 纵向受力钢筋的连接方式应符合设计要求。

检查数量:全数检查。

检查方法:观察。

② 应按现行国家标准《钢筋机械连接技术规程》(JGJ 107)、《钢筋焊接及验收规程》(JGJ 18)的规定抽取钢筋机械连接接头、焊接接头试件做力学性能检验,其质量应符合有关规程的规定。对于直接承受动力荷载的结构,采用机械连接、焊接连接时,应检查相应的专项试验报告。

检查数量:按有关标准确定。

检验方法:检查产品合格证、接头力学性能试验报告。

(2) 一般项目

① 钢筋的接头宜设置在受力较小处,同一纵向受力钢筋不宜设置两个或两个以上接头,接头末端至钢筋弯起点的距离不应小于钢筋直径的10倍。

检查数量:全数检查。

检验方法:观察,钢尺检查。

② 应按现行国家标准《钢筋机械连接技术规程》(JGJ 107)、《钢筋焊接及验收规程》(JGJ 18)的规定抽取钢筋机械连接接头、焊接接头的外观进行检查,其质量应符合有关规程的规定。

检查数量:全数检查。

检验方法:观察。

3. 钢筋安装

(1)主控项目

① 钢筋安装时,受力钢筋的品种、级别、规格和数量必须符合设计要求。

检查数量:全数检查。

检查方法:观察,钢尺检查。

(2)一般项目

钢筋安装位置的偏差应符合表4.9的规定。

检查数量:在同一检验批内,对梁、柱和独立基础,应抽查构件数量的10%,且不少于3件;对墙和板,应按有代表性的自然间抽查10%,且不少于3间;对大空间结构,墙可按相邻轴线间高度5m左右划分检查面,板可按纵、横轴线划分检查面,抽查10%,且均不少于3面。

检查方法:观察,钢尺检查。

表 4.9　钢筋安装允许偏差和检验方法

项目		允许偏差/mm	检验方法
绑扎钢筋网	长、宽	±10	尺量
	网眼尺寸	±20	尺量连续三档,取最大偏差值
绑扎钢筋骨架	长	±10	尺量
	宽、高	±5	尺量
纵向受力钢筋	锚固长度	-20	尺量
	间距	±10	尺量两端、中间各一点,取最大偏差值
	排距	±5	
纵向受力钢筋、箍筋的混凝土保护层厚度	基础	±10	尺量
	柱、梁	±5	尺量
	板、墙、壳	±3	尺量
绑扎箍筋、横向钢筋间距		±20	尺量连续三档,取最大偏差值
钢筋弯起点位置		20	尺量

注:表中梁类、板类构件上部纵向受力钢筋保护厚度的合格点率应达到90%及以上,且不得有超过表中数值1.5倍的尺寸偏差。

4.3.12　钢筋安装成品保护

浇筑混凝土前,在柱、墙的钢筋上套上PVC套管或包裹塑料薄膜保护,并且及时用湿布将被污染的钢筋擦净。

对于尚未浇筑的后浇混凝土部位钢筋,可采用覆盖胶合板或模板的方法进行保护,当其上部有车辆通过或有较大荷载时,应覆盖钢板保护。

4.4 预埋件埋设

预制构件中的预埋件主要包括钢筋灌浆套筒、预埋吊件、预埋钢板、预留孔洞及连接件等，各预埋件示意见图 4.10。应严格按照图纸的要求，进行预埋件的埋设。

图 4.10 各类预埋件

（1）预埋件埋设（安装示意照片见图 4.11）应符合下列要求：

① 根据生产计划及设计图纸，提前预备预埋件，注意合理组合搭接使用预埋线管，节约材料，保证进度。

② 预埋件埋设前，应对所有工装和埋件固定装置进行检查，如有损坏、变形现象，应禁止使用。

③ 安装预埋件时，禁止直接踩踏钢筋骨架，个别部位可以搭跳板，以免工作人员被钢筋扎伤或使钢筋骨架凹陷。

④ 在预埋件固定装置上均匀涂刷脱模剂后，按图纸要求固定在模具底模上，半灌浆套筒的钢筋要固定在钢筋骨架上。

⑤ 安装电器盒时，首先用固定装置固定在底模上，再将电器盒与线管连接好，电器盒多余孔用胶带封好，以免漏浆。电器盒上表面要与混凝土上表面齐平，线管绑扎在钢筋骨架上，用胶带把所有预埋件上口封堵严实，以免进浆。

(a) 线盒预埋   (b) 泡沫板预埋

图 4.11 预埋件埋设

（2）对于钢筋灌浆套筒的安装（安装见图 4.12），应符合下列规定：

① 连接钢筋与全灌浆套筒安装时，应逐根插入灌浆套筒中心挡片处，插入深度应满足设计锚固深度要求，钢筋与套筒之间的间隙应采用橡胶塞等密封措施，确保钢筋与套筒的间隙密封牢固严密，并应采取防止混凝土浇筑时向灌浆套筒内漏浆的封堵措施。

② 连接钢筋与半灌浆套筒安装时，应预先将已车丝的连接钢筋与套筒机械连接端按要求拧紧后再绑扎钢筋骨架。

③ 钢筋和套筒安装时，应将其固定在模具上，灌浆套筒与柱底、墙底模板应垂直，应采用橡胶环、螺杆等固定件避免混凝土浇筑、振捣时灌浆套筒和连接钢筋移位。

④ 与灌浆套筒连接的灌浆管、出浆管应定位准确、安装稳固，还应保持管内畅通，无弯折堵塞。

⑤ 套筒的注浆管和出浆管应均匀、分散布置，相邻管净距不应小于 25 mm 和管道直径的较大值。

（a）全灌浆套筒安装　　　　　　（b）半灌浆套筒

图 4.12　钢筋灌浆套筒

（3）对于浆锚用金属波纹管或螺纹盲管的安装（安装示意照片见图 4.13），应符合下列规定：

① 应采用专用的定位工装对波纹管及螺纹盲孔进行定位，定位工装应牢固、可靠，能有效防止波纹管及螺纹盲管的移位、变形，应有防止定位垂直度变化的措施。

② 宜先安装定位工装、波纹管和螺纹盲孔再绑扎钢筋，避免钢筋绑扎后造成波纹管及螺纹盲管安装困难。

图 4.13　波纹管安装示意

③ 波纹管外端宜从模板定位孔穿出并固定好，内端应有效固定，做好密封措施，避免浇筑时混凝土进入。螺纹盲管上应涂好脱模剂。

（4）对于预制夹心墙板中间层保温板的安装（安装示意照片见图 4.14），应符合下列规定：

(a) 安装过程示意　　　　　　　　　(b) 成型后示意

图 4.14　保温板安装

① 按图纸尺寸用电锯切割保温板,保证切口平整、尺寸准确。

② 保温板应按图纸要求使用专用工具进行打孔。

③ 连接件与孔之间的空隙用发泡胶封堵严实。

④ 保证在混凝土初凝前完成保温板的安装,使保温板与混凝土黏贴牢固。

⑤ 保温板安装完成后应检查整体平整度,有凹凸不平的地方需及时处理。

⑥ 保温板安装时不允许有错台,外页墙与保温板的总厚度不允许超过侧模高度。

⑦ 在预留孔处安装连接件,保证安装后的连接件竖直、插到位。

⑧ 连接件安装完成后再次整体振捣,以保证连接件与混凝土锚固牢固。

⑨ 保温板找平或调整位置时,使用橡胶锤敲打,如有需要站在保温板上作业的情况,应穿戴鞋套,避免污染保温板。

预埋件安装允许偏差及检验方法见表 4.10。

表 4.10　预埋件安装允许偏差和检验方法

项　目		允许偏差/mm	检验方法
灌浆套筒	中心线位置	1	尺量
	安装垂直度	3	拉水平线、竖直线测量两端差值
	套筒灌浆孔、出浆孔的堵塞		目视
插筋	中心线位置	1	尺量
	外露长度	+5,0	尺量
螺栓	中心线位置	2	尺量
	外露长度	+5,0	尺量
预埋钢板	中心线位置	3	尺量
预留孔洞	中心线位置	3	尺量
	尺寸	+3,0	
连接件	中心线位置	3	尺量

4.5 混凝土浇筑、振捣及养护

混凝土的浇筑、振捣及养护将直接决定预制构件承载能力和使用寿命,因此,应严格控制工艺过程质量,实现高品质产品,充分体现预制混凝土的技术优势。

4.5.1 混凝土浇筑

混凝土的浇筑成型就是将混凝土拌合料浇筑在符合设计要求的模板内,加以捣实使其达到设计质量强度要求并满足正常使用要求的构件。混凝土浇筑是预制构件生产的关键过程,对于预制构件混凝土的密实性、尺寸准确性及质量起着决定性作用。

对于移动模台生产线,驱动装置将完成钢筋及预埋件安装工序的底模驱动至振动平台并锁紧底模,中央控制室控制搅拌站开始搅拌混凝土,完成搅拌后装入混凝土运输小车,小车通过空中轨道运行至布料机上方并向布料机投料,布料机扫描到基准点后开始自动布料。布料机布料可精确控制混凝土用量及布料速度,布料过程照片见图 4.15(a)。

对于固定模台生产线,一般可利用桁车吊装料斗进行人工布料,该工艺与现浇混凝土结构现场混凝土浇筑类似,料斗布料过程照片见图 4.15(b)。

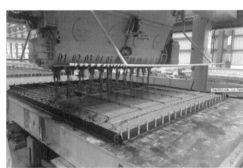

(a) 布料机布料　　　　　　　　　　(b) 料斗人工布料

图 4.15　混凝土浇筑

(1) 混凝土浇筑前应进行钢筋、预应力的隐蔽工程检查。隐蔽工程检查项目应包括:

① 钢筋的牌号、规格、数量、位置和间距;

② 纵向受力钢筋的连接方式、接头位置、接头质量、接头面积百分率、搭接长度、锚固方式及锚固长度;

③ 箍筋弯钩的弯折角度及平直段长度;

④ 钢筋的混凝土保护层厚度;

⑤ 预埋件、吊环、插筋、灌浆套筒、预留孔洞、金属波纹管的规格、数量、位置及固定措施;

⑥ 预埋线盒和管线的规格、数量、位置及固定措施;

⑦ 夹芯外墙板的保温层位置和厚度,拉结件的规格、数量和位置;

⑧ 预应力筋及其锚具、连接器和锚垫板的品种、规格、数量、位置;

⑨ 预留孔道的规格、数量、位置,灌浆孔、排气孔、锚固区局部加强构造。

(2)混凝土浇筑过程应注意以下几点:

① 合理安排报料、运输、布料及构件浇筑顺序,最大化提高浇筑效率,避免因人为因素影响生产进度。

② 混凝土应采用有自动计量装置的强制式搅拌机搅拌,并具有生产数据逐盘记录和实时查询功能。混凝土应按照混凝土配合比通知单进行生产,原材料每盘称量的允许偏差应符合表 4.11 的规定;浇筑前应检查混凝土度坍落度是否符合要求,过大或过小均不允许使用;应检查模板支撑的稳定性及模板拼缝的密合情况,保证浇筑安全并防止漏浆。

表 4.11　混凝土原材料每盘称量的允许偏差

项　次	材料名称	允许偏差
1	胶凝材料	±2%
2	粗、细骨料	±3%
3	水、外加剂	±1%

③ 混凝土浇筑前,预埋件及预留钢筋的外露部分宜采取防止污染的措施;应将模具内的垃圾和杂物清理干净,且封堵金属模板中的缝隙、孔洞、钢筋连接套筒及预埋螺栓孔;为防止叠合楼板桁架筋(上弦筋)上残留混凝土影响叠合层浇筑混凝土对钢筋的握裹力,叠合板浇筑前应对桁架筋(上弦筋)采取保护措施,可放置角钢或外包塑料薄膜。

④ 混凝土倾落高度不宜大于 600 mm,并应均匀摊铺;混凝土浇筑应连续进行;混凝土从出机到浇筑完毕的延续时间,气温高于 25 ℃时不宜超过 60 min,气温不高于 25 ℃时不宜超过 90 min;冬季混凝土入模温度不应低于 5 ℃。

⑤ 混凝土浇筑时注意观察模板、钢筋、预埋件和预留孔洞的情况,当发现有变形、移位时,应立即停止浇筑,并在已浇混凝土初凝前对发生变形或移位的部位进行调整后,方可继续浇筑混凝土。

⑥ 浇筑时控制混凝土厚度,在基本达到厚度要求时停止下料,混凝土上表面与侧模上沿保持在同一个平面。

⑦ 一个预制构件上有不同强度等级混凝土部位时,浇筑前需确认浇筑部位,防止浇错混凝土,浇筑时应先浇筑强度高的部位,再浇筑强度低的部位,以免强度低的混凝土流入强度高的混凝土部位。

⑧ 作业期间,工作人员时刻注意布料机或料斗的走向,避免被碰伤;及时、准确、清晰、详细记录构件浇筑情况并保管好文件资料。

(3)混凝土浇筑过程中应及时做好混凝土试块的留置工作,并应符合下列规定:

① 混凝土检验试件应在浇筑地点取样制作。

② 每拌制 100 盘且不超过 100 m³ 的同一配合比混凝土,每工作班拌制的同一配合比的混凝土不足 100 盘为一批。

③ 每批制作强度检验试块不少于 3 组,随机抽取 1 组进行同条件转标准养护后进行强度检验,其余可作为同条件试件在预制构件脱模和出厂时控制其混凝土强度;还可根据预制构件吊装、张拉和放张等要求,留置足够数量的同条件混凝土试块进行强度检验。

④ 蒸汽养护的预制构件,其强度评定混凝土试块应随同构件蒸养后,再转入标准条件养护。构件脱模起吊、预应力张拉或放张的混凝土同条件试块,其养护条件应与构件生产中采用的养护条件相同。

(4) 混凝土收面、抹面次数宜不少于三次,具体过程为:

① 先使用刮杠或震动赶平机将混凝土表面刮平,确保混凝土厚度不超出模具上沿。

② 再用塑料抹子粗抹,做到表面基本平整,无外露石子,外表面无凹凸现象,四周侧板的上沿(基准面)清理干净,避免边沿超厚或有毛边。完成后需静停不少于 1 h 再进行下次抹面。

③ 再将所有的工装拆除,并及时清理干净,整齐地摆放到指定位置,锥形套留置在混凝土上,并用泡沫棒将锥形套孔封严,保证锥形套上表面与混凝土表面平齐。

④ 再用铁抹子找平,特别注意预埋件、线盒及外露线管四周的平整度,边沿的混凝土如果高出模具上沿要及时压平,保证边沿不超厚且无毛边,此道工序需将表面平整度控制在 2 mm 以内,此步完成需静停 2 h。

⑤ 最后,使用铁抹子对混凝土上表面进行压光,保证表面无裂纹、无气泡、无杂质、无杂物,表面平整光洁,无凹凸现象。此步应使用靠尺边测量边找平,保证上表面平整度在 2 mm 以内。

(5) 预制构件于后浇混凝土接触的表面通常有粗糙面要求,常用的粗糙面成型工艺包括拉毛、凿毛、留设键槽、花纹钢板、水洗露骨料或气泡膜等,相关工艺示意见图 4.16。预制构件粗糙面处理的相关要求为:

① 宜优先选用水洗露骨料粗糙面和气泡膜粗糙面,也可采用拉毛、凿毛处理,不得单独采用花纹钢板粗糙面;制构件端面设置键槽时,可采用花纹钢板粗糙面;气泡膜粗糙面仅适用于竖向拼缝部位的预制构件表面。

② 拉毛、凿毛是相对传统的表面粗糙度成型工艺,在混凝土初凝前进行,并需满足预制梁的顶面应做成凹凸差不小于 6 mm 的粗糙面及预制板表面应做成凹凸差不小于 4 mm 的粗糙面要求。

③ 键槽是预制梁端常用的处理方式,可增强梁端抗剪承载力。键槽一般通过提前增设内模(芯模)成型。

④ 花纹钢板粗糙面,指采用花纹钢板作为预制混凝土的模板,浇筑预制构件混凝土后,拆除花纹钢板形成的凹凸不平的混凝土粗糙面。通过花纹钢板表面纹理实现预制混凝土构件粗糙面,在实际工程中得到大量应用。通过调研及相关试验证实,目前常用的花纹钢板由于花纹深度较浅且较为稀疏,单独采用花纹钢板粗糙面的结合面抗剪性能较差,与一次成型结合面比较,其抗剪强度仅为后者的 40% 左右,对于重要的结构受力部位宜谨慎采用。

(a) 拉毛　　　　　　　(b) 凿毛　　　　　　　(c) 键槽

(d) 花纹钢板　　　　　(e) 水洗露骨料　　　　(f) 气泡膜

(g) 叠合板侧面倒角

图 4.16　预制构件粗糙面

　　⑤ 采用水洗露骨料粗糙面成型工艺,即在预制构件叠合面的模板上涂刷露骨料缓凝剂,预制混凝土浇筑、养护和拆模后,采用高压水对混凝土表面进行冲洗而形成的露出骨料的混凝土粗糙面。水洗露骨料粗糙面是目前公认的结构性能较好的粗糙面形式,获得了广泛应用,相关试验结果也证实其抗剪强度能达到一次成型结合面的 $95\%\sim100\%$,但实际应用中应采取有效措施避免对环境造成污染。

　　⑥ 气泡膜粗糙面,指在预制墙板侧面或预制梁端键槽侧面采用塑料气泡膜作为模板衬垫,混凝土浇筑成型拆模后,通过气泡膜形成的点状凹凸不平的粗糙表面。气泡膜粗糙面利用市场上可方便获得的气泡膜表面泡泡凸起,实现预制混凝土构件表面由规则排布的凹坑形成的粗糙面。构件表面凹坑尺寸(直径及深度)以及排布规律与气泡膜的气泡凸起尺寸及排布规律一致,可灵活根据粗糙面的粗糙度要求进行气泡膜的定制化生产与采购。为防止气泡膜在脱模过程中撕裂及避免气泡爆裂,应注意合理选用质地(厚度、单位面积重量等)较好的气泡膜并在施工过程中加强对气泡膜的保护。另外,相关试验结果表明,气泡膜粗糙面能很好地实现新、老混凝土的良好粘结,与一次成型混凝土结合面相比,

其抗剪性能仅次于水洗露骨料粗糙面,抗剪强度可达到一次成型结合面的73%～85%。

⑦ 叠合板侧边为防止后期拼缝处裂缝产生,有时会做成45°倒角,可采用内模(芯模)成型,也可由人工抹成。

4.5.2 混凝土振捣

混凝土浇筑入模后,内部还存在着很多空隙。为了使混凝土充满模板内每一部位且具有足够的密实度,必须对混凝土进行捣实,使预制构件外形正确、表面平整、强度和其他性能符合设计及使用要求。

混凝土振实原理为:匀质的混凝土拌合料介于固态与液态之间,内部颗粒依靠其摩擦力、粘聚力处于悬浮状态。当混凝土拌合料受到振动时,振动能降低和消除混凝土拌合料间的摩擦力,提高混凝土流动性,此时的混凝土拌合料暂时被液化,处于"重质液体状态"。混凝土拌合料能像液体一样很容易地充满容器,物料颗粒在重力作用下下沉,能迫使气泡上浮,从而排除原拌合料中的空气并消除孔隙。通过振动就使混凝土骨料和水泥砂浆在模板中形成致密的排列和有效的填充。

混凝土能否被振实与振动的振幅和频率有关。当采用较大的振幅振动时,使混凝土密实所需的振动时间缩短;反之,振幅较小时,所需振动时间延长;如振幅过小则不能达到良好的振实效果;而振幅过大,又可能使混凝土出现离析现象。一般把振动器振幅控制在0.3～2.5 mm之间。物料都具有自身的振动频率,当振源频率与物料自振频率相同或接近时,会出现共振现象,使得振幅明显提高,从而增强振动效果。一般来说,高频对较细的颗粒效果较好,而低频对较粗的颗粒较为有效,故一般根据物料颗粒大小选择振动频率。

当混凝土表面气泡已停止排除,拌合物不再下沉并在表面出现砂浆时,则表示混凝土已被充分振实。

我国移动模台生产线与固定模台生产线常用混凝土振捣方式包括附着式振动器振捣、平板振动器振捣及插入式振动棒振捣,振捣装置示意照片见图4.17。

　(a) 附着式振动器　　　　　(b) 平板振动器　　　　　(c) 插入式振动棒

图4.17　混凝土振捣装置

(1) 板类构件,如叠合楼板、阳台板等薄壁构件可选用附着式振动器,其振捣混凝土应符合下列规定:

① 振动器与模板紧密连接,设置间距通过试验来确定。

② 使用多台附着式振动器时,各振动器频率应一致,并应交错设置在相对面的模台上。

③ 对一些比较宽的构件,附着式振动器不能振捣到位的,需搭设振捣作业临时桥板,确保每一点振捣到位。

（2）平板振动器适用于预制墙板生产时内表面找平振动或者局部辅助振捣。

（3）当采用插入式振动棒振捣时,考虑到预制构件预留、预埋较多,普通振动棒直径过大而进入不到混凝土内部,建议选用超细振动棒或手提式振动棒。振动棒振捣混凝土应符合下列规定:

① 应按分层浇筑厚度分别振捣,振动棒的前端应插入前一层混凝土中,插入深度不小于 50 mm。

② 振动棒应垂直于混凝土表面,要求快插慢拔、均匀振捣,当混凝土表面无明显塌陷、有水泥浆出现、不再冒气泡时,应当结束该部位振捣。

③ 振动棒与模板的距离不应大于振动棒作用直径的一半,振捣插点间距不应大于振动棒作用半径的 1.4 倍。

④ 钢筋密集区、预埋件及套筒部位应当选用小型振动棒振捣,并且加密振捣点,延长振捣时间。

⑤ 反打石材、瓷砖等墙板振捣时,应注意振动损伤石材或瓷砖。

国外自动化流水生产线可通过模台水平和垂直振动从而达到混凝土密实的效果,振动台示意照片见图 4.18。欧洲柔性振动台可实现上下、左右、前后六个自由度 360°的运动,且噪声可控制在 75 dB 以内。

图 4.18　振动台

混凝土振捣时除前述要点外,尚应注意以下事项:

① 混凝土宜采用机械振捣方式成型,振捣设备应根据混凝土的品种、预制构件的规格和形状等因素确定,应制定振捣操作规程。

② 混凝土振捣过程中应随时检查模具有无漏浆、变形或预埋件有无移位等现象。

③ 有平面和立面的转角预制构件,如带转角的墙板、阳台板等,应先浇筑、振捣平面部位;待平面浇筑位置达到立面底部时,再浇筑、振捣立面部位。

4.5.3　混凝土养护

混凝土成型后,为保证混凝土在一定时间内达到设计要求的强度,并防止产生收缩裂缝,应及时做好混凝土的保湿养护工作。养护的目的就是给混凝土提供一个较好的强度增长环境。混凝土的强度增长是依靠水泥水化反应,而影响水泥水化反应的主要因素是温度和湿度。温度越高,水化反应的速度越快,而湿度高则可避免混凝土内水分丢失,从而保证水泥水化作用充分。水化反应还需要足够的时间,时间越长,水化越充分,强度就越高。因此,混凝土养护实际上是为混凝土硬化提供必要的温度和湿度条件。

预制构件养护方式包括自然养护、自然养护加养护剂及加热养护,应根据预制构件特点和生产任务量合理选择养护工艺。

混凝土养护应在混凝土浇筑完毕 12 h 以内,养护时间主要与水泥品种有关。混凝土养护时间应符合下列规定:

① 采用硅酸盐水泥、普通硅酸盐水泥配制的混凝土,不应少于 7 d;采用其他品种水泥时,养护时间应根据水泥性能确定。

② 采用缓凝型外加剂、大掺量矿物掺合料配制的混凝土,不应少于 14 d。

③ 抗渗混凝土、强度等级 C60 及以上的混凝土,不应少于 14 d。

自然养护可采用洒水或覆盖措施。洒水养护是指用麻袋或草帘等材料将混凝土表面覆盖,并经常洒水使混凝土表面处于湿润状态的养护方法。洒水养护宜在混凝土裸露表面覆盖麻袋或草帘后进行,也可采用直接洒水、蓄水等养护方式,并应保证混凝土处于湿润状态,另外,当日最低温度低于 5 ℃时,不应采用洒水养护。覆盖养护是指以塑料薄膜为覆盖物,使混凝土与空气隔绝,可防止混凝土内的水分蒸发,水泥依靠混凝土中的水分完成水化作用而凝结硬化,从而达到养护目的。覆盖养护宜在混凝土裸露表面覆盖塑料薄膜、塑料薄膜加麻袋、塑料薄膜加草帘进行,塑料薄膜应紧贴混凝土裸露表面,塑料薄膜内应保持有凝结水,覆盖物应严密,其层数应按施工方案确定。

喷涂养护剂是指将养护剂喷涂在混凝土表面,溶液挥发后在混凝土表面结成一层塑料薄膜,使混凝土表面与空气隔绝,混凝土内的水分不再被蒸发,从而完成水泥水化作用。养护剂应喷涂均匀、致密,不得漏喷,养护剂应具有可靠的保湿效果,保湿效果可通过试验确定,养护剂使用方法应符合产品说明书的有关要求。

加热养护利用外部热源对浇筑的混凝土进行养护,分为间接加热和直接加热两种。间接加热是利用加热器先加入空气或水,然后由热空气或蒸汽来加热养护混凝土,如暖棚法、蒸汽加热法等;直接加热法即由加热器直接加热混凝土进行养护。

当采用加热养护时,预制构件可采用蒸汽加热、电加热或模具加热等方式,可缩短养护时间,快速脱模,提高模具周转效率。加热养护制度应通过试验确定,一般包括预养护、升温、恒温及降温 4 个阶段,并宜采用加热养护温度自动控制装置。宜在常温下预养护 2~6 h,升降温速度不宜超过 20 ℃/h,最高养护温度不宜超过 70 ℃,考虑到夹芯保温外墙板因有机保温材料在较高温度下会产生热变形,其最高养护温度不宜大于 60 ℃。预制构件脱模时的表面温度与环境温度的差值不宜超过 25 ℃。

条件允许的情况下,预制构件优先推荐自然养护。采用加热养护时,按照合理的养护制度进行温控可避免预制构件出现温差裂缝。

对于移动模台生产线,一般采用养护窑集中养护[图 4.19(a)],养护窑内有散热器或暖风炉进行加温,并采用全自动温度控制系统,同时应避免构件出入养护窑时窑内外温差过大。由于养护窑仓室空间尺寸及数量受到限制,从而对预制构件的形状、尺寸及数量有一定要求,应合理规划预制构件生产计划。

(a) 养护窑集中养护　　　　　　(b) 模台直接养护

图 4.19　混凝土养护

对于固定模台生产线,可采用在模台直接加热养护的方式[图 4.19(b)],蒸汽可通到模台下,将预制构件用苫布或移动式养护棚铺盖,再在其内通蒸汽进行养护。固定模台加热养护应设置全自动温度控制系统,通过调节供气量自动调节每个养护点的升降温速度和保持温度。

4.6　脱模

待预制构件养护到位后,即可进行预制构件脱模作业,即将预制构件与其模具分离,见图 4.20。预制构件脱模应掌握正确的时机,并采用合适的方法,以免因脱模不当,造成预制构件产生裂缝、破损甚至报废。

(a) 翻板机脱模　　　　　　　(b) 人工脱模

图 4.20　预制构件脱模

预制构件脱模应注意:
① 预制构件脱模起吊时的混凝土强度应计算确定,且不宜小于 15 MPa。

② 脱模不应损伤预制构件,应严格按照顺序拆模,严禁采用振动、敲打方式拆模。宜先从侧模开始,先拆除固定预埋件的夹具,再打其他模板。

③ 预制构件起吊应平稳,并选择合适的起吊方式,平模工艺生产的大型墙板、挂板类预制构件宜采用翻板机翻转直立后再行起吊,或者采用专用多点吊架进行起吊,复杂构件应采用专门设计的吊架进行起吊,预制构件起吊作业应进行必要的应力复核。对于设有门洞、窗洞等较大洞口的墙板,脱膜起吊时应进行加固,防止扭曲变形造成的开裂。

预制构件脱模后应随即进行外观和尺寸的初检,检查内容主要包括:

① 预制构件表面检查是否有蜂窝、孔洞、夹渣、疏松等现象,表面层装饰质感,表面裂缝及破损等。

② 预制构件尺寸检查伸出钢筋是否偏位,套筒是否偏位,孔眼尺寸及位置,预埋件位置,构件外观尺寸及平整度等。

预制构件脱模后,应对模具进行清理工作,相关模具则可循环进入下一道生产环节,此阶段应重视模具的报验工作。对于漏浆严重的模具或导致预制构件变形的模具,应及时向质检人员提出进行模具检验,找出造成漏浆或变形的原因,并立即整改或修正模具,必要情况下应对模具进行报废,以免继续影响预制构件生产质量。

4.7 质量检查

预制构件质量检查主要包括外观、尺寸偏差及相关其他检查,通过质量检查,进一步控制构件出厂质量。

4.7.1 预制构件外观检查

预制构件生产时应采取措施避免出现外观质量缺陷。外观质量缺陷根据其影响结构性能、安装和使用功能的严重程度,可按表4.12规定划分为严重缺陷和一般缺陷。

表4.12 构件外观质量缺陷分类

名称	现象	严重缺陷	一般缺陷
露筋	构件内钢筋未被混凝土包裹而外露	纵向受力钢筋有露筋	其他钢筋有少量露筋
蜂窝	混凝土表面缺少水泥砂浆而形成石子外露	构件主要受力部位有蜂窝	其他部位有少量蜂窝
孔洞	混凝土中孔穴深度和长度均超过保护层厚度	构件主要受力部位有孔洞	其他部位有少量孔洞
夹渣	混凝土中夹有杂物且深度超过保护层厚度	构件主要受力部位有夹渣	其他部位有少量夹渣
疏松	混凝土中局部不密实	构件主要受力部位有疏松	其他部位有少量疏松

名称	现象	严重缺陷	一般缺陷
裂缝	缝隙从混凝土表面延伸至混凝土内部	构件主要受力部位有影响结构性能或使用功能的裂缝	其他部位有少量不影响结构性能或使用功能的裂缝
连接部位缺陷	构件连接处混凝土缺陷及连接钢筋、连接件松动,插筋严重锈蚀、弯曲,灌浆套筒堵塞、偏位,灌浆孔洞堵塞、偏位、破损等缺陷	连接部位有影响结构传力性能的缺陷	连接部位有基本不影响结构传力性能的缺陷
外形缺陷	缺棱掉角、棱角不直、翘曲不平、飞出凸肋等,装饰面砖粘结不牢、表面不平、砖缝不顺直等	清水或具有装饰的混凝土构件内有影响使用功能或装饰效果的外形缺陷	其他混凝土构件有不影响使用功能的外形缺陷
外表缺陷	构件表面麻面、掉皮、起砂、沾污等	具有重要装饰效果的清水混凝土构件有外表缺陷	其他混凝土构件有不影响使用功能的外表缺陷

预制构件出模后应及时对其外观质量进行全数目测检查。预制构件外观质量不应有缺陷,对已经出现的严重缺陷应制定技术处理方案进行处理并重新检验,对出现的一般缺陷应进行修整并达到合格。

4.7.2　预制构件尺寸偏差

预制构件不应有影响结构性能、安装和使用功能的尺寸偏差。对超过尺寸允许偏差且影响结构性能和安装、使用功能的部位应经原设计单位认可,制定技术处理方案进行处理,并重新检查验收。

预制构件尺寸偏差及预留孔、预留洞、预埋件、预留插筋、键槽的位置和检验方法应符合表 4.13～表 4.16 的规定。预制构件有粗糙面时,与预制构件粗糙面相关的尺寸允许偏差可放宽 1.5 倍。

表 4.13　预制楼板类构件外形尺寸允许偏差及检验方法

项次	检查项目		允许偏差/mm	检查方法
1	规格尺寸	长度 <12 m	±5	用尺量两端及中间部,取其中偏差绝对值较大值
		长度 ≥12 m 且 <18 m	±10	
		长度 ≥18 m	±20	
2		宽度	±5	用尺量两端及中间部,取其中偏差绝对值较大值
3		厚度	±5	用尺量板四角和四边中部位置共 8 处,取其中偏差绝对值较大值

项次	检查项目			允许偏差/mm	检查方法
4	对角线差			6	在构件表面用尺量测两对角线的长度,取其绝对值的差值
5	外形	表面平整度	内表面	4	用 2 m 靠尺安放在构件表面上,用楔形塞尺量测靠尺与表面之间的最大缝隙
			外表面	3	
6		楼板侧向弯曲		$L/750$ 且 $\leqslant 20$ mm	拉线,钢尺量最大弯曲处
7		扭翘		$L/750$	四对角拉两条线,量测两线交点之间的距离,其值的两倍为扭翘值
8	预埋部件	预埋钢板	中心线位置偏差	5	用尺量测纵横两个方向的中心线位置,取其中较大值
			平面高差	0, −5	用尺紧靠在预埋件上,用楔形塞尺量测预埋件平面与混凝土面的最大间隙
9		预埋螺栓	中心线位置偏移	2	用尺量测纵横两个方向的中心线位置,取其中较大值
			外露长度	+10, −5	用尺量
10		预埋线盒、电盒	在构件平面的水平方向中心位置偏差	10	用尺量
			与构件表面混凝土高差	0, −5	用尺量
11	预留孔	中心线位置偏移		5	用尺量测纵横两个方向的中心线位置,取其中较大值
		孔尺寸		±5	用尺量测纵横两个方向尺寸,取其中较大值
12	预留洞	中心线位置偏移		5	用尺量测纵横两个方向的中心线位置,取其中较大值
		洞口尺寸,深度		±5	用尺量测纵横两个方向尺寸,取其中较大值
13	预留插筋	中心线位置偏移		3	用尺量测纵横两个方向的中心线位置,取其中较大值
		外露长度		±5	用尺量
14	吊环,木砖	中心线位置偏移		10	用尺量测纵横两个方向的中心线位置,取其中较大值
		留出高度		0, −10	用尺量
15	桁架钢筋高度			+5, 0	用尺量

表 4.14 预制墙板类构件外形尺寸允许偏差及检验方法

项次	检查项目			允许偏差 /mm	检查方法
1	规格尺寸	高度		±4	用尺量两端及中间部,取其中偏差绝对值较大值
2		宽度		±4	用尺量两端及中间部,取其中偏差绝对值较大值
3		厚度		±3	用尺量板四角和四边中部位置共 8 处,取其中偏差绝对值较大值
4	对角线差			5	在构件表面用尺量测两对角线的长度,取其绝对值的差值
5	外形	表面平整度	内表面	4	用 2m 靠尺安放在构件表面上,用楔形塞尺量测靠尺与表面之间的最大缝隙
			外表面	3	
6		侧向弯曲		L/1000 且 ≤20 mm	拉线,钢尺量最大弯曲处
7		扭翘		L/1000	四对角拉两条线,量测两线交点之间的距离,其值的两倍为扭翘值
8	预埋部件	预埋钢板	中心线位置偏移	5	用尺量测纵横两个方向的中心线位置,取其中较大值
			平面高差	0,−5	用尺紧靠在预埋件上,用楔形塞尺量测预埋件平面与混凝土面的最大缝隙
9		预埋螺栓	中心线位置偏移	2	用尺量测纵横两个方向的中心线位置,取其中较大值
			外露长度	+10,−5	用尺量
10		预埋套筒、螺母	中心线位置偏移	2	用尺量测纵横两个方向的中心线位置,取其中较大值
			平面高差	0,−5	用尺紧靠在预埋件上,用楔形塞尺量测预埋件平面与混凝土面的最大缝隙
11	预留孔	中心线位置偏移		5	用尺量测纵横两个方向的中心线位置,取其中较大值
		孔尺寸		±5	用尺量测纵横两个方向尺寸,取其中较大值
12	预留洞	中心线位置偏移		5	用尺量测纵横两个方向的中心线位置,取其中较大值
		洞口尺寸,深度		±5	用尺量测纵横两个方向尺寸,取其中较大值
13	预留插筋	中心线位置偏移		3	用尺量测纵横两个方向的中心线位置,取其中较大值
		外露长度		±5	用尺量
14	吊环,木砖	中心线位置偏移		10	用尺量测纵横两个方向的中心线位置,取其中较大值
		与构件表面混凝土高差		0,−10	用尺量

项次	检查项目		允许偏差/mm	检查方法
15	键槽	中心线位置偏移	5	用尺量测纵横两个方向的中心线位置,取其中较大值
		长度,宽度	±5	用尺量
		深度	±5	用尺量
16	灌浆套筒及连接钢筋	灌浆套筒中心线位置	2	用尺量测纵横两个方向的中心线位置,取其中较大值
		连接钢筋中心线位置	2	用尺量测纵横两个方向的中心线位置,取其中较大值
		连接钢筋外露长度	+10,0	用尺量

表 4.15　预制梁柱桁架类构件外形尺寸允许偏差及检验方法

项次	检查项目			允许偏差/mm	检查方法
1	规格尺寸	长度	<12 m	±5	用尺量两端及中间部,取其中偏差绝对值较大值
			≥12 m 且<18 m	±10	
			≥18 m	±20	
2		宽度		±5	用尺量两端及中间部,取其中偏差绝对值较大值
3		高度		±5	用尺量板四角和四边中部位置共 8 处,取其中偏差绝对值较大值
4	表面平整度			4	用 2 m 靠尺安放在构件表面上,用楔形塞尺量测靠尺与表面之间的最大缝隙
5	侧向弯曲	梁柱		$L/750$ 且≤20 mm	用 2 m 靠尺安放在构件表面上,用楔形塞尺量测靠尺与表面之间的最大缝隙
		桁架		$L/1000$ 且≤20 mm	
6	预埋部件	预埋钢板	中心线位置偏差	5	用尺量测纵横两个方向的中心线位置,取其中较大值
			平面高差	0,−5	用尺紧靠在预埋件上,用楔形塞尺量测预埋件平面与混凝土面的最大间隙
7		预埋螺栓	中心线位置偏移	2	用尺量测纵横两个方向的中心线位置,取其中较大值
			外露长度	+10,−5	用尺量
8	预留孔	中心线位置偏移		5	用尺量测纵横两个方向的中心线位置,取其中较大值
		孔尺寸		±5	用尺量测纵横两个方向尺寸,取其中较大值

项次	检查项目		允许偏差/mm	检查方法
9	预留洞	中心线位置偏移	5	用尺量测纵横两个方向的中心线位置,取其中较大值
		洞口尺寸,深度	±5	用尺量测纵横两个方向尺寸,取其中较大值
10	预留插筋	中心线位置偏移	3	用尺量测纵横两个方向的中心线位置,取其中较大值
		外露长度	±5	用尺量
11	吊环	中心线位置偏移	10	用尺量测纵横两个方向的中心线位置,取其中较大值
		留出高度	0,—10	用尺量
12	键槽	中心线位置偏移	5	用尺量测纵横两个方向的中心线位置,取其中较大值
		长度,宽度	±5	用尺量
		深度	±5	用尺量
13	灌浆套筒及连接钢筋	灌浆套筒中心线位置	2	用尺量测纵横两个方向的中心线位置,取其中较大值
		连接钢筋中心线位置	2	用尺量测纵横两个方向的中心线位置,取其中较大值
		连接钢筋外露长度	+10,0	用尺量

表 4.16 装饰构件外观尺寸允许偏差及检验方法

项次	装饰种类	检查项目	允许偏差/mm	检查方法
1	通用	表面平整度	2	2 m 靠尺或塞尺检查
2	通用	阳角方正	2	用托线板检查
3	面砖、石材	上口平直	2	拉通线用钢尺检查
4		接缝平直	3	用钢尺或塞尺检查
5		接缝深度	±5	用钢尺或塞尺检查
6		接缝宽度	±2	用钢尺检查

4.7.3 其他检查

(1)预制构件的预埋件、插筋、预留孔的规格、数量应满足设计要求。

检查数量:全数检验。

检验方法:观察和量测。

（2）预制构件的粗糙面或键槽成型质量应满足设计要求。

检查数量：全数检验。

检验方法：观察和量测。

（3）面砖与混凝土的粘结强度应符合现行行业标准《建筑工程饰面砖粘结强度检验标准》（JGJ 110）和《外墙饰面砖工程施工及验收规程》（JGJ 126）的有关规定。

检查数量：按同一工程、同一工艺的预制构件分批抽样检验。

检验方法：检查试验报告单。

（4）预制构件采用钢筋套筒灌浆连接时，在构件生产前应检查套筒型式检验报告是否合格，应进行钢筋套筒灌浆连接接头的抗拉强度试验，并应符合现行行业标准《钢筋套筒灌浆连接应用技术规程》（JGJ 355）的有关规定。

检查数量：按同一工程、同一工艺的预制构件分批抽样检验。同一批号、同一类型、同一规格的灌浆套筒，不超过1 000个为一批，每批随机抽取3个灌浆套筒制作对中连接接头试件。

检验方法：检查试验报告单、质量证明文件。

（5）夹芯外墙板的内外叶墙板之间的拉结件类别、数量、使用位置及性能应符合设计要求。

检查数量：按同一工程、同一工艺的预制构件分批抽样检验。

检验方法：检查试验报告单、质量证明文件及隐蔽工程检查记录。

（6）夹芯保温外墙板用的保温材料类别、厚度、位置及性能应满足设计要求。

检查数量：按批检查。

检验方法：观察、量测，检查保温材料质量证明文件及检验报告。

（7）混凝土强度应符合设计文件及国家现行有关标准的规定。

检查数量：按构件生产批次在混凝土浇筑地点随机抽取标准养护试件，取样频率应符合《混凝土结构工程施工质量验收规范》（GB 50204）的规定。

检验方法：应符合现行国家标准《混凝土强度检验评定标准》（GB/T 50107）的有关规定。

4.8 标识

为保证工程质量管理和施工人员及时掌握装配式混凝土建筑工程预制构件质量信息，确保预制构件在施工全过程中质量可追溯，混凝土预制构件生产企业所生产的每一件构件应在显著位置进行唯一性标识，当前推广使用二维码标识（图4.21），预制构件表面的二维码标识应清晰、可靠，以确保能够识别预制构件的"身份"。

二维码标识信息应包括以下信息：

① 工程信息。工程信息应包括：工程名称、建设单位、施工单位、监理单位、预制构件生产单位。

图 4.21　二维码标识

② 基本信息。基本信息应包括：构件名称、构件编号、规格尺寸、使用部位、重量、生产日期、钢筋规格型号、钢筋厂家、钢筋牌号、混凝土设计强度、水泥生产单位、混凝土用砂产地、混凝土用石子产地、混凝土外加剂使用情况。

③ 验收信息。检测验收信息应包括：验收时混凝土强度、尺寸偏差、观感质量、生产企业验收责任人、驻厂监造监理（建设）单位验收责任人、驻厂施工单位验收责任人、质量验收结果。

④ 其他信息。其他信息应包括：预制构件现场堆放说明、现场安装交底、注意事项等其他信息。

二维码标识具有易损坏且一旦被遮蔽后则不能实现追踪的缺陷，随之出现了无线射频芯片识别通信技术（Radio Frequency Identification，简称 RFID），原理见图 4.22。该技术可通过无线电信号识别特定目标并读写相关数据，而无须识别系统与特定目标之间建立机械或光学接触，克服了二维码标识的缺陷。其可制成芯片预埋在预制构件中，详细记录构件设计、生产、施工过程中的全部信息。但由于电池技术的限制，其使用寿命相对建筑正常使用年限较短，一般为 5～10 年。采用 RFID 芯片，可通过编码转换软件记录每一块构件的设计参数和生产过程信息，并将这些信息储存到芯片中。芯片录入各项信息后，将芯片浅埋在构件成型表面，埋设位置宜建立统一规则，便于后期读取识别，如：竖向构件收水抹面时，将芯片埋置在构件浇筑面距楼面 60～80 cm 处，带窗构件则埋置在距窗洞下 20～40 cm 中心处，并做好标记，脱模前将打印好的信息表黏贴于标记处，便于查找芯片

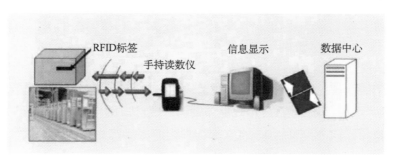

图 4.22　RFID 技术原理

埋设位置;水平构件一般埋置在构件底部中心处,将芯片黏贴固定在平台上,与混凝土整体浇筑。芯片埋设以贴近混凝土表面为宜,埋深不应超过 2 cm,具体以芯片供应厂家提供实测数据为准。

需要说明的是,构件标识仅是一种实现构件质量追溯的有效手段,但其不能完全代替工程档案,仍然需要建立隐蔽工程档案及现场相关信息档案,与标识一起,共同实现工程全过程信息的可追溯。

4.9 典型预制构件生产

为进一步了解预制柱、预制墙、叠合梁、叠合板等典型构件的制作过程,简述各类构件的制作工艺流程,相关工艺过程具体细节要求可参见前面章节。

4.9.1 预制墙板

预制墙板按照其产品特点,主要包括预制实心墙板、双面叠合墙板和保温装饰一体化墙板等。

(1)预制实心墙板

预制实心墙板既适合移动模台生产线,又适合固定模台生产线,生产方式灵活,是我国住宅建筑结构中的常用构件,因此得到了大量应用,生产工艺相对成熟。预制实心墙板当采用移动模台生产线生产时,可利用养护窑养护而提高产品质量和效率;当采用固定模台生产线生产时,可利用固定模台的经济性,从而降低设备投入而提高工厂效益。

预制实心墙板的生产工艺流程见图 4.23,生产过程中应注意:

① 模具工序中,认真完成模具、模台的清理工作;在模台上按照剪力墙工艺图上表示的外形划线,将模具按照位置摆放;确认模具部件无误后利用螺栓组合连接;检验合格后将模具固定在模台上;按要求涂刷脱模剂。

② 钢筋工序中,下层钢筋按照工艺图纸要求放置到模具内,严格控制混凝土保护层厚度;剪力墙连接钢筋按照灌浆套筒的要求连接到套筒上,灌浆套筒用橡胶塞固定到剪力墙底模,将注、出浆孔朝向工艺图要求方向;上层钢筋按照工艺图纸要求放置到模具内,在模具外侧按照工艺图上外露钢筋的长度布置钢筋限位工装,通过工装控制好外露钢筋尺寸后,再进行绑扎及后续操作;上下层钢筋用拉筋连接,扎丝绑扎牢固;钢筋安装完毕,将侧模上部压板部件通过螺栓等方式固定好。

③ 安装预留预埋时,用工装将剪力墙用螺纹套筒固定在工艺图指定位置;用工装将通孔用 PVC 管固定至工艺图指定位置;线盒用工装固定,线管一端与线盒连接好,另一端穿过模具或插入手孔预留工装处,用扎丝与钢筋固定;注、出浆孔用波纹管或 PVC 管连接固定,将管线使用磁铁等与模具面贴合,或将管线伸出浇筑面并用胶带封口;检查预埋件的位置满足工艺图要求,安装稳固,与钢筋等不碰撞。

④ 混凝土浇筑工序中,模台移动至布料区,操作布料机进行均匀布料;操作振动台夹

紧模台,采用合适的振动频率进行振捣;浇筑及振捣过程中注意检查混凝土是否振捣密实,检查预埋件等是否有移位和倾斜情况,及时调整发生偏移的预埋件。

⑤混凝土抹平养护工序中,清理表面异物,刮平混凝土不平的区域;通过预养窑或静置处理,使混凝土达到初凝;采用工具进行精抹光处理,平整度控制在 3 mm 以内;运送至养护窑进行蒸汽养护,保证养护时间。

⑥脱模起吊工序中,拆除模具上部工装,露出预埋件,拆除固定磁盒,松开螺栓拆除模具;确认模具与构件脱离,采用专用吊具进行连接,确认操作空间安全,缓慢起吊;清理构件表面与预留预埋管洞口的混凝土残渣,采用泡沫等临时封闭预埋管洞口,剪力墙侧面有水洗要求的运至专门区域进行处理。

⑦入库工序中,布置构件标识,并进行记录;对构件质量要求进行检查,制定后续处理方案;按照工厂存放要求,选择堆叠平放或竖直摆放。

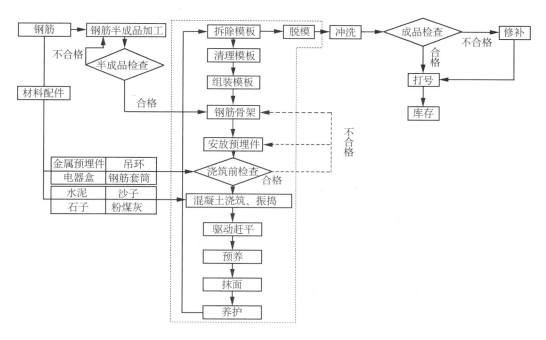

图 4.23　预制实心墙板生产流程

（2）双面叠合墙板

双面叠合墙板源自德国的 Double-Wall Precast Concrete Building System,简称 DWPC 建筑体系,其典型构件见图 4.24,设计简单,工厂生产高度自动化,施工现场方便快捷,对环境影响小,资源节约,在欧洲是具有代表性的一项成熟的技术。双面叠合墙板体系的墙体由两片钢筋混凝土预制板组成,两片预制板通过格构式钢筋桁架连接,并在两侧预制板间的空腔浇筑现浇混凝土。钢筋混凝土预制板既作为中间现浇混凝土的侧模,也用于承载参与结构工作。通过在双面叠合墙板现浇层设置连接钢筋,将双面叠合墙板与基础、预制楼板以及各层双面叠合墙板连接成整体。

（a）双面叠合墙板　　　　　（b）钢筋桁架叠合楼板　　　　（c）双面叠合墙体系建筑

图 4.24　双面叠合墙板体系

双面叠合墙板生产流程见图 4.25,其预制在工厂分两阶段进行:首先在布置好钢筋骨架的钢模具上浇筑一侧混凝土预制板并养护成型,其钢筋骨架由焊接钢筋网和格构式钢筋桁架组成;再浇筑另一侧预制板的混凝土,通过翻板机将养护好的混凝土板露钢筋骨架一侧压在新浇筑的混凝土上,在工厂养护成型。在施工现场吊装完成后临时固定,并浇筑两侧预制混凝土壁板间的后浇层,就形成了双面叠合墙板。

（a）浇筑一侧混凝土　　　　　　　（b）浇筑另一侧混凝土

（a）先浇板压印在后浇板上　　　　　　（b）养护成型

图 4.25　双面叠合墙板生产流程

双面叠合墙板的生产需要引进国外特别定制的自动化流水生产线,生产自动化程度高、产品质量稳定可靠,我国目前具备生产能力的企业包括江苏元大、美好集团以及三一重工等单位。

（3）保温装饰一体化墙板

保温装饰一体化墙板一般应用于外墙,其是将外墙结构、保温系统与外墙装饰系统集成到一块墙板上,当无外墙装饰层时,又常被称为预制夹心保温墙板,相关构件示例照片见图 4.26。保温装饰一体化墙板充分利用工厂制作优势,避免了现场保温与装饰工程施工,可以大大缩短工期,减少现场资源消耗,有效提升工程质量。

(a) 保温装饰一体化墙板　　　　　(b) 预制夹心保温墙板

图 4.26　保温装饰一体化墙板

装饰层施工一般采用反打一次成型工艺,即将建筑外墙用饰面材料在预制工厂事先打到混凝土里,从而与混凝土部分形成整体。该工艺表面平整,附着牢固,施工效率大大提高。以石材反打为例,其工艺流程见图 4.27。

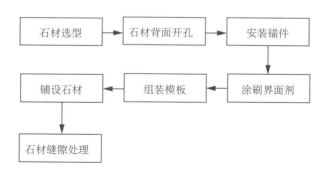

图 4.27　石材反打工艺流程

石材反打过程示意照片见图 4.28,制作过程中应注意:

① 应根据设计要求选择面砖的大小、图案、颜色,背面应设置燕尾槽或确保连接性能可靠的构造。

② 面砖入模铺设前,宜根据设计排板图将单块面砖制成面砖套件,套件的长度不宜大于 600 mm,宽度不宜大于 300 mm。

③ 石材入模铺设前,宜根据设计排板图的要求进行配板和加工,并应提前在石材背面安装不锈钢锚固拉钩和涂刷防泛碱处理剂。

④ 应使用柔韧性好、收缩小,具有抗裂性能且不污染饰面的材料嵌填面砖或石材间的接缝,并应采取防止面砖或石材在安装钢筋及浇筑混凝土等工序中出现位移的措施。对于饰面材料分隔缝的处理,砖缝可采用发泡塑料条成型,石材可采用弹性材料填充。

(a) 石材背面开孔	(b) 安装锚件
(c) 涂刷界面剂	(d) 石材排布

图 4.28　石材反打部分过程照片

除增加一道装饰层反打工序外,保温装饰一体化墙板与预制夹心保温墙板的制作工序基本相同,以预制夹心保温墙板为例进行说明。

预制夹心保温墙板常被叫作"三明治构件",由混凝土内叶墙板、保温层和外叶墙板组成,三者之间依靠拉结件连接成整体。拉结件按材料可分为金属拉结件和非金属(FRP)拉结件,部分典型产品照片见图 4.29。对于拉结件的埋置,金属拉结件一般采用预埋方式,即在外叶墙混凝土浇筑前,提前将拉结件安装绑扎完成,浇筑好后注意对拉结件进行保护,严禁受到扰动;FRP 连结件一般采用后插入方式,即在外叶墙混凝土浇筑后,在混凝土初凝前插入拉结件,防止拉结件在混凝土初凝后插不进去或插入深度不足。严

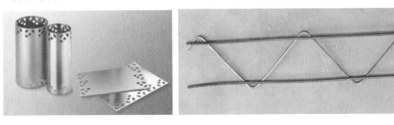

(a) 金属拉结件

(b) FRP拉结件

图 4.29　部分拉结件产品照片

禁隔着保温层材料插入拉结件,以防将保温层破碎的颗粒挤到混凝土中,进而影响混凝土与拉结件之间的锚固能力。

预制夹心保温墙板的制作方式目前主要有一次作业法和两次作业法。一次作业法,即在外叶墙浇筑后,随即铺设预先钻孔(拉结件孔)的保温材料,插入拉结件后,放置内叶墙板钢筋、预埋件,进行隐蔽工程检查,在外叶墙混凝土初凝前浇筑内叶墙混凝土。该方法效率较高,但当前存在较大的质量安全隐患,如无法准确控制内外叶墙体混凝土浇筑间隔时间,以保证所有作业在外叶墙混凝土初凝前完成,进而影响拉结件与混凝土的连接质量;初凝期间或初凝后的作业环节,包括钢筋和预埋件安装、隐蔽工程检查等,均会扰动拉结件及其周边握裹混凝土,影响拉结件的锚固效果。两次作业法,即外叶墙混凝土浇筑后,在混凝土初凝前将拉结件埋置到外叶墙混凝土中,经过养护待混凝土凝固并达到一定强度后,铺设保温材料,再浇筑内叶墙混凝土,铺设保温材料和浇筑内叶墙混凝土一般在第二天进行。

预制夹心保温墙板生产流程见图 4.30,生产过程应注意:

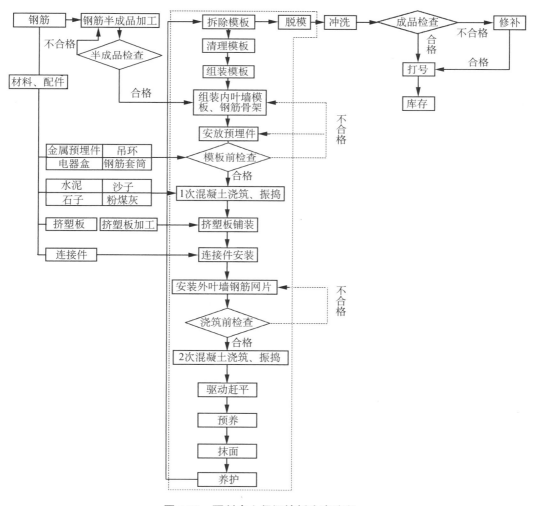

图 4.30 预制夹心保温墙板生产流程

① 夹芯保温墙板内外叶墙体拉结件的品种、数量、位置对于保证外叶墙结构安全、避免墙体开裂极为重要,其安装必须符合设计要求和产品技术手册。

② 应采取可靠措施保证拉结件位置、保护层厚度,保证拉结件在混凝土中可靠锚固。

③ 应保证保温材料间拼缝严密或使用粘结材料密封处理。

④ 在上层混凝土浇筑完成之前,下层混凝土不得初凝。

4.9.2　预制叠合板

与预制实心墙板类似,预制叠合板既适合移动模台生产线,又适合固定模台生产线,我国更多采用固定模台生产。预制叠合板的生产流程见图 4.31,生产过程中应注意:

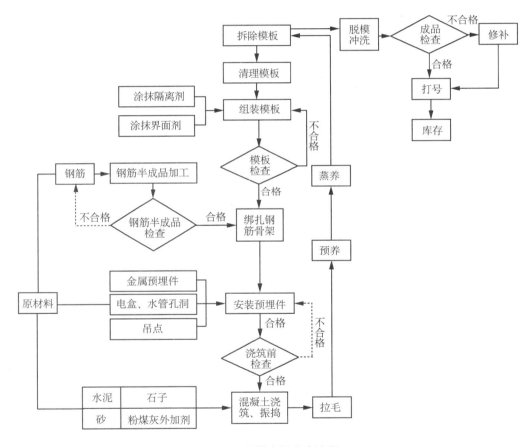

图 4.31　预制叠合板生产流程

① 模台清理、组装过程中,检查固定模台的稳固性能和水平高差,确保模台牢固和水平。对模台表面进行清理后,采用手动抹光机进行打磨,确保无任何锈迹。模具清理干净,确保无残留混凝土和砂浆;在吊机配合下,人工辅助进行模板侧模和端模拼装,用紧固螺栓将其固定,保证模具侧模的拼装尺寸及垂直度,组模尺寸偏差应满足相关要求;在将成型钢筋笼吊装入模之前涂刷模板和模台脱模剂,严禁涂刷到钢筋上,过多流淌的脱模

剂,必须用抹布或海绵吸附清理干净。

②钢筋绑扎后过程中,绑扎钢筋骨架前应仔细核对钢筋料尺寸,绑扎制作完成的钢筋骨架禁止再次割断。检查合格后,将钢筋骨架吊装放入模具,按梅花状布置混凝土保护层垫块,调整好钢筋位置,保证保护层厚度。

③预埋件安装过程中,根据构件加工图,依次安装各类预埋件,并固定牢固。严禁预埋件的漏放和错放。在浇筑混凝土之前,检查所有固定装置是否有损坏、变形现象。

④浇筑混凝土过程中,浇筑前应检查混凝土坍落度是否符合要求,浇筑时避开预埋件及预埋件工装。车间内混凝土的运输采用悬挂式输送料斗或采用叉车端送混凝土布料斗的运输方式。在现场布置固定模台预制时,可采用泵车输送,或吊车吊运布料斗浇筑混凝土。振捣方式采用振捣棒或振动平台振捣,振捣至混凝土表面不再下沉、无明显气泡溢出为止。

⑤混凝土抹面过程中,待振捣密实后,使用木抹抹平,保证混凝土表面无裂纹、无气泡、无杂质、无杂物。

⑥混凝土养护过程中,根据季节、施工工期、场地不同,叠合板可采用覆盖薄膜自然养护、蒸汽养护等方式,无养护窑时,可采用拱形棚架、拉链式棚架进行养护。

⑦拆模、脱模、翻转起吊过程中,拆模之前,根据同条件养护试块的抗压试验结果确定是否拆模。先将可以提前解除锁定的预埋件工装拆除,解除螺栓紧固,再依次拆除端模、侧模。可借助撬棍拆解,但不得使用铁锤锤击模板,防止造成模板变形。拆模后,再次清理打磨模板,备下次使用。暂时不用时,可涂防锈油,分类码放,以备下次使用。

4.9.3 预制柱

预制柱一般采用平卧生产方式,且常用固定模台生产,重点在于灌浆套筒的安装。

预制柱生产流程见图4.32,生产过程中应注意:

①柱模板调整清理、刷脱模剂过程中,根据柱的尺寸调节柱底横梁高度、侧模位置,配好柱底模板尺寸,封好橡胶条;由人工对柱线钢模板进行清理、刷脱模剂,确保柱线模板光滑、平整。

②钢筋骨架绑扎过程中,根据每一根柱的型号、编号、配筋状况进行钢筋骨架绑扎,在每两节柱中间另配8根φ14斜向钢筋以保证柱在运输及施工阶段的承载力及刚度,同时焊接于柱主筋上;另根据图纸预埋情况,在柱钢筋骨架绑扎过程中针对不同方向及时进行预埋,如临时支撑预埋件等;柱间模板采用易固定、易施工、易脱模的拼装组合模板加橡胶衬组成,连接件采用套管。

③柱间模板、连接件、插筋固定过程中,待柱间模板、连接件、插筋制作完毕后,分别安放于柱钢筋骨架中相应位置,进行支撑固定,确保其在施工过程中不变形、不移位;柱间模板外口用顶撑固定,并在柱间模板里口点焊住定位箍筋;连接件、插筋在柱里部分用电焊焊接于主筋上,外口固定于特制定型钢上;吊装入模后通过螺栓与整体钢模板相连固定。

④调整固定柱模板、校正钢筋笼过程中,柱钢筋骨架入模后,通过柱模上调节杆,分别对柱模尺寸进行定位校正,对柱间模板、钢筋插筋、钢管连接件进行重新校正、固定,核查其长度、位置、大小等,同时对柱插筋、预留钢筋的方向进行核查,预留好吊装孔。

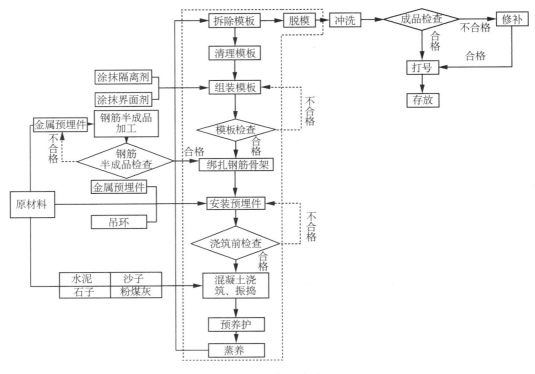

图 4.32 预制柱生产流程

⑤ 浇筑混凝土过程中,预制柱的混凝土坍落度控制在(12±2)cm,通过运输车、桁车吊送于柱模中;一般采用人工振捣棒振捣混凝土;混凝土浇筑完成后可覆盖苫布,再通蒸汽养护。由于柱截面较大,为防止混凝土温度应力差过大,梁混凝土养护时可不进行预热,直接从常温开始升温,即混凝土浇筑完成后,直接控制温度阀使之处于升温状态,每小时均匀升温 20 ℃,直至 80 ℃后通过梁线模板中的温度感应器触发温控器来控制蒸汽的打开与关闭。在预制柱混凝土强度达到脱模强度(约为 75% 混凝土设计强度)后,停止供汽,使混凝土缓慢降温,避免柱因温度突变而产生裂缝。

⑥ 混凝土强度达到起吊强度后,即可进行拆模,松开紧固螺栓,拆除端部模板,即时起吊出模,编号,标明图示方向;拆除柱间模板进行局部修理,按柱出厂先后顺序,进行码放,堆放层数不得超过 3 层。

4.9.4 预制梁

与预制柱类似,预制梁一般采用固定模台生产。

预制梁生产工艺流程见图 4.33,生产过程中应注意:

① 模板清理过程中,由人工对梁线钢模板进行清理、刷脱模剂,确保模板光滑、平整。

② 钢筋笼绑扎过程中,根据梁排版表,针对每一个梁的型号、编号、配筋情况进行钢筋笼绑扎,梁上口另配 2 根 φ12 钢筋作为临时架立筋,同时增配几根 φ8 圆钢筋(长度～

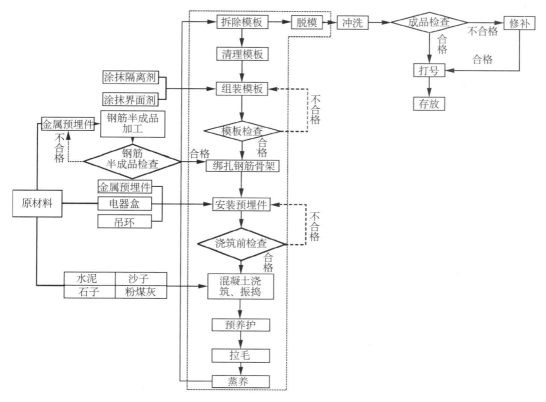

图 4.33 预制梁生产流程

700 mm)斜向固定钢筋笼,并点焊加固,以防止钢筋笼在穿拉过程中变形。另根据图纸预埋情况,在梁钢筋骨架绑扎过程中进行预埋,如临时支撑预埋件等。

③ 钢筋笼入模过程中,按梁排版方案中的钢筋根数,进行钢筋断料穿放;按梁线排版顺序从后至前穿钢筋笼,每条钢筋笼按挡头钢模板→梁端木模板→钢筋笼→梁端木模板→挡头钢模板顺序进行穿笼;钢筋笼全部穿好就位后,合起梁模板,并上好销子与紧固螺栓进行固定。对已变形的钢筋笼进行调整,同时固定预留缺口模板;再次调整安装中变形的钢筋笼以及走位的模板,对梁长进行重新校正,并固定。

④ 混凝土工序与预制叠合板基本相同。

⑤ 拆模及拉毛过程中,混凝土达到强度后,拆除加固用的支撑,梁从模板起吊后即可拆除钢挡板、键槽模板以及临时架立筋。对预留在外的箍筋进行局部调整,分别对键槽里口、预留缺口混凝土表面进行凿毛处理,以增加与后浇混凝土的粘结力。

⑥ 根据梁线排版表,对预制梁进行编号、标识,及时进行转运堆放,堆放时要求搁置点上下垂直,统一位于吊钩处,堆放层数不得超过三层,同时对梁端进行清理。

4.9.5 预制楼梯、预制阳台等

预制楼梯、预制阳台以及预制空调板等预制构件,其生产流程见图 4.34,其工艺控制应注意符合前述要求。

图 4.34　预制楼梯生产流程

4.9.6　预制预应力构件

与前述的普通混凝土构件的预制过程相比,预制预应力构件的生产环节重点在预应力筋的安装、张拉及放张等工序。

(1) 预应力筋铺设

先张法预应力构件的预应力筋,宜采用螺旋肋钢丝、刻痕钢丝、普通或刻痕 1×3 钢绞线和 1×7 钢绞线等高强预应力钢材。

预应力钢丝和钢绞线下料,应采用砂轮切割机,不得采用电弧切割。

长线台座的台面(或胎模)在铺设预应力筋前应涂刷隔离剂。隔离剂不应玷污预应力筋,以免影响与混凝土的粘结。如果预应力筋遭受污染,应使用适宜的溶剂清洗干净。在生产过程中,应防止雨水冲刷台面上的隔离剂。

预应力钢丝宜用牵引车铺设。如果钢丝需要接长,可借助于钢丝连接器或铁丝密排绑扎。刻痕钢丝的绑扎长度不应小于 $80d$,钢丝搭接长度应比绑扎长度大 $10d$, d 为钢丝直径。

预应力钢绞线接长时,可用接长连接器。预应力钢绞线与工具式螺杆连接时,可采用套筒式连接器。

(2) 预应力筋张拉

预应力筋的张拉控制应力应满足设计要求,最大限值应符合以下要求:对消除应力钢丝和钢绞线,不大于 $0.80f_{ptk}$;对中强度预应力钢丝,不大于 $0.75f_{ptk}$;对预应力螺纹钢筋,不大于 $0.90f_{pyk}$ 。

预应力钢丝由于张拉工作量大,宜采用 $0\rightarrow1.03\sigma_{con}\rightarrow1.05\sigma_{con}$(锚固) 的一次张拉程序。

采用预应力钢绞线时,对单根张拉: $0\rightarrow\sigma_{con}$(锚固) ;对整体张拉: $0\rightarrow$ 初应力调整 $\rightarrow$ σ_{con}(锚固) 。

预应力钢丝在长线台座上采用电动螺杆式张拉设备单根张拉,弹簧测力计测力,夹片式或锥锚式夹具锚固。单根钢绞线可采用小吨位液压千斤顶张拉,夹片式锚具锚固。在长线台座上钢绞线的长度长,千斤顶的行程有限,需要多次张拉,才能达到所需的张拉力。

生产预应力板类构件时,钢丝两端镦头固定,钢绞线采用工具式夹片锚固定,借助于连接装置(如梳筋板、活动横梁等)用千斤顶进行成组张拉。

先张法预应力构件,在混凝土浇筑前发生断裂或滑脱的预应力筋必须进行更换。先张法张拉钢丝时张拉伸长值不做校核,钢丝张拉锚固后 1 h,用钢丝测力仪检查钢丝的应力值,其偏差不得大于或小于工程设计规定检验值的 5%。

先张法张拉钢筋或钢绞线时,应校核预应力筋张拉伸长值。实际伸长值与设计计算理论值的相对允许偏差为 ±6%,如超出允许范围应暂停张拉,在采取措施予以调整后,方可继续张拉。

预应力筋张拉后与设计位置的偏差不应大于 5 mm,且不得大于构件截面短边边长的 4%。

预应力筋张拉时,台座两端应有安全防护设施,操作人员严禁在两端停留或穿越,也不得进入台座内。

(3)预应力筋放张

预应力筋放张时混凝土强度必须符合设计要求,当设计无规定时,不应低于混凝土设计强度等级值的 75%。采用消除应力钢丝和钢绞线作为预应力筋的先张法构件,尚不应低于 30 MPa。预应力筋的放张应根据构件类型与配筋情况选择正确的顺序与方法,否则会引起构件翘曲、开裂和预应力筋断裂等现象。

预应力筋的放张顺序,如设计无要求时,应符合下列规定:

① 轴心受压构件,所有预应力筋应同时放张。

② 承受偏心预压力的构件(如梁等),应同时放张预压应力较小区域的预应力筋,再同时放张预应力较大区域的预应力筋。

③ 当不能按上述规定放张时,应分阶段、对称、相互交错地放张。

放张后预应力筋的切断顺序,宜由张拉端开始,逐次切向另一端。

预应力筋放张工作,应缓慢进行,避免冲击。常用的放张方法包括:

① 用千斤顶拉动单根预应力筋,防松螺母。放张时由于混凝土与预应力筋已粘结成整体,松开螺母的间隙只能是最前端构件外露预应力筋的伸长,因此,所施加的应力往往超过控制应力 10%,应注意安全。

② 采用两台台座式千斤顶整体缓慢放松,应力均匀,安全可靠。放张用台座千斤顶可专用或与张拉合用。为防止台座式千斤顶长期受力,可采用垫块顶紧。

③ 对先张法板类构件的钢丝或钢绞线,放张时可直接用手提砂轮锯或氧炔焰切割。放张工作宜从生产线中间开始,以减少回弹量且有利于脱模;每块板应从外向内对称放张,以免因构件扭转而端部开裂。

为了检查构件放张时钢丝与混凝土的粘结是否可靠,切断钢丝时应测定钢丝向混凝土内的回缩情况,一般不宜大于 1.0 mm。

4.10 预制构件生产常见问题及对策

在推广应用装配式混凝土建筑中,与施工现场现浇混凝土建筑不同,墙板、楼板、梁、柱、楼梯、阳台板等构件均在工厂预制,能有效控制构件的混凝土质量,并保证了预制构件的表观质量和尺寸精准。在日本的预制构件厂参观,能见到他们十分重视预制构件的整体质量,关注每一个细节。

江苏已推广应用装配式混凝土建筑近十年,特别是最近大面积推广应用以预制墙板、预制叠合板和楼梯板为主的"三板"预制构件,保证了装配式混凝土建筑的有序、稳步推广应用。

4.10.1 预制叠合板的常见问题及对策

钢筋桁架预制板的常见问题有3类:

第一类为预制板的钢筋桁架上弦筋顶面超过设计高度,该高度是预制板构件出厂和进入施工现场重点检查的内容(图 4.35)。由于钢筋桁架上弦筋超高后,会引起现场绑扎叠合楼板面层双向钢筋时易超过规定设计高度,直接导致叠合浇筑混凝土楼板面层时超过规定厚度,其后遗症为导致预制墙板安装面的标高不对,引发竖向连接钢筋伸入钢套筒的锚固长度不够。

避免出现此类问题的有效措施为:在流水线的移动模台或固定模台上预制叠合板时,采用型钢梁按钢筋桁架设计高度压住钢筋桁架(图 4.36),使得混凝土布料后模台振动时钢筋桁架高度不变,保证钢筋桁架预制板构件的质量。

图 4.35　量测预制板钢筋桁架高度　　　　图 4.36　型钢梁压住钢筋桁架振动混凝土

第二类为预制板出现板面裂缝。该问题出现的原因主要为预制板的生产周期过短,混凝土养护时间不够,在混凝土强度不足的条件下起吊脱模,导致板面开裂。也有可能为预制板脱模起吊方法不对,对跨度大的预制板未采用吊框多点起吊,导致预制板受力不合理而开裂。避免出现此类问题的有效措施为:适当提高预制板构件的混凝土强度等级,如将设计预制板时 C30 混凝土强度提高至 C40 混凝土强度,生产后可提早拆模并减少构件运输过程中的预制板开裂。对跨度大的预制板可采用吊框多点起吊(图 4.37),也可减少预制板的开裂。对于有轻微裂缝的预制板界定,参照日本《预制钢筋混凝土工程》(JASS10—2013)标准中规定与预制板搁置支承方向平行的裂缝大于 0.3 mm 的应作报废处理,对于裂缝超过 0.1 mm 和小于 0.3 mm 的可采用低黏度环氧压注修补,对于小于 0.1 mm 及裂缝长度 300 mm 以上的可采用聚合物水泥砂浆修补。

图 4.37　大跨叠合板采用吊框多点起吊脱模

图 4.38　预制板边粗糙度不足

第三类为按双向板设计,生产时按单向板预制的叠合板边粗糙度不足(图 4.38),简单采用花纹钢板或点焊拉毛点处理,影响了施工现场后浇混凝土带的混凝土整体性,易造成叠合面开裂。避免出现此类问题的有效措施为:对设计成双向板并按单向板预制的板边宜采用边模上涂刷缓凝剂,脱模后用高压水冲洗板边,形成半露出骨料的毛面(图 4.39),现场施工实践证明,该处理方法可提供后浇混凝土板带的新老混凝土结合力,并有效防止结合板缝的开裂。

图 4.39　预制板边粗糙度良好

对于先张预应力叠合板构件,主要的问题是生产过程中对预应力钢丝或钢绞线的预应力值控制不精准,导致放张后预制板的反拱值不等,施工现场安装后相互预制板间有高差,板底不平整,直接影响了叠合楼板板底平整度。避免出现此类问题的有效措施为:加强对预应力筋张拉力的精准控制,适当调整预应力筋在预制板截面中的位置。

4.10.2　预制墙板的常见问题及对策

装配式混凝土剪力墙结构在高层住宅中应用较多,其中预制墙板主要应用在高层住宅的分布钢筋区,边缘构件采用现浇混凝土。预制混凝土墙板构件因为两侧边和顶面均伸出钢筋,所以构件一般在固定模台上生产为主。

预制墙板常见的问题主要有四类:

第一类为预制墙板内竖向钢筋连接采用了半灌浆钢套筒,钢筋一端先滚压直螺纹,后与带内丝的钢套筒连接,安装到边模上固定(图 4.40)。由于供应至市场的小直径钢筋一般为保证钢筋力学性能指标值,采用了钢筋直径负偏差而抗拉强度偏高供货,因此,对预制墙板中直径为 12～18 mm 的小直径竖向钢筋连接采用半灌浆钢套筒,当预制墙板加工周期短,钢筋滚丝后与钢套筒连接工作量大,难以做到钢筋滚丝后逐根采用螺牙环规进行加工质量检查,在多个工程上出现了施工现场送检的半灌浆钢套筒平行工艺检验的试件单向拉拔不合格,带丝牙的钢筋端从套筒中拔出,不满足《钢筋套筒灌浆连接应用技术规程》(JGJ 355)的质量要求。避免出现此类问题的有效措施为:对于预制墙板内的小直径钢筋灌浆连接钢套筒,尽量采用全灌浆钢套筒。

图 4.40　预制墙板构件中半灌浆钢套筒的应用

　　第二类为预制墙板钢套筒在模台的边模上固定不可靠,导致混凝土浇筑振动时钢套筒移动脱离钢边模,构件出厂后施工现场安装预制墙板时检查发现钢套筒底面凹入墙板端面约 10~20 mm,影响了钢筋锚入钢套筒的有效长度不小于 $8d$ 的规定值。避免出现此类问题的有效措施为:在流水生产线上,定期检查固定钢套筒于钢边模上的内胀橡胶塞的老化状态,发现因反复蒸汽养护导致橡胶塞老化丧失弹性的,及时更换,并加强对固定钢套筒的内胀橡胶塞的安装质量检查。

　　第三类为预制墙板在混凝土浇筑振动密实并养护达到脱模强度后,因为边模设计不合理或拆模直接采用撬棒拆除边模,导致外伸出竖向连接钢筋弯曲(图 4.41),出厂又不做垂直度检查和校正,运输至施工现场安装后,上层预制墙板内钢筋连接钢套筒不能对位,会引起割除竖向连接钢筋的重大质量问题。避免出现此类问题的有效措施为:在模具设计上采用上下对合拼装边模,拆模时不得采用撬棒野蛮作业,在预制墙板构件出厂时重点检查连接钢筋的垂直度,必要时做校正。

图 4.41　竖向连接钢筋因拆模不当弯曲

　　第四类为预制墙板侧边与现浇混凝土后浇带的结合面毛面处理不够,特别是外墙预制板易造成新老混凝土结合不好,形成渗漏施工质量问题,并可能影响装配式混凝土结构的整体性。东南大学对预制构件不同结合面处理的抗剪承载力试验研究结构表明,在相同混凝土强度等级、相同结合面配筋的情况下,不同结合面处理方法的抗剪承载力由大到小排序依次为:整体现浇、露骨料、泡泡膜成型、凹槽与凹坑、花纹钢板成型(图4.42)。露骨料结合面试件的荷载为整体现浇试件的95%～100%,泡泡膜成型结合面试件的荷载为整体现浇试件的73%～85%,凹槽与凹坑结合面试件的荷载为整体现浇试件的58%～76%,花纹钢板成型结合面试件的荷载为整体现浇试件的39%～44%。避免出现此类问题的有效措施为:对于预制外墙板的侧面,建议采用水洗骨料的毛面方式处理;对于预制内墙板的侧面,可采用泡泡膜或凹槽与凹坑组合的毛面方式处理。

图4.42　预制墙板侧边水洗骨料、花纹钢板、泡泡膜、凹槽与凹坑组合的毛面处理

4.10.3　预制楼梯的常见问题及对策

预制楼梯常见的问题主要为在施工现场安装后,发现同一工程有的预制楼梯跨中下表面有细小裂缝,有的没有裂缝。出现问题的主要原因为一般预制楼梯采用立式立模,放入钢筋笼,浇筑混凝土(图4.43)。在预制模板内放入钢筋笼时,未注意钢筋笼的间隔件数量和安装位置正确安装,导致钢筋笼在浇筑混凝土时偏位,不能保证预制楼梯跨中板底受力钢筋的正确位置,施工现场安装楼梯后直接导致跨中开裂。避免出现此类问题的有效措施为:预制楼梯制作时,钢筋笼吊放

图4.43　预制楼梯的立式预制与混凝土浇筑

入钢膜内后,重点检查钢筋笼的位置及两侧间隔件的定位位置和数量,并在混凝土下料时注意分层对称浇筑振捣。

　　本章基本按照预制构件典型生产工艺流程,对生产前准备、模具清理与组装、钢筋加工与安装、预埋件埋设、混凝土浇筑、振捣及养护、脱模、质量检查、标识等必要环节的技术要点进行了详细介绍,给出了预制墙板、预制叠合板、预制柱、预制梁、预制楼梯、预制阳台及预制预应力构件等典型构件的生产全过程,使得读者对预制构件生产全过程有详尽的了解。同时,对预制构件生产过程中的常见质量问题进行了分析,并给出了相应的对策,进一步提高读者对该部分知识的灵活运用能力。

5 预制构件储运

不同于现浇混凝土结构,装配式混凝土结构的建造涉及大量的预制构件,预制混凝土构件的储存和运输是保证装配式混凝土结构建造有序进行的前提条件,直接影响装配式混凝土结构施工现场的建造效率、质量和进度。本章对预制混凝土构件的储存和运输的方法和要求进行重点阐述。

5.1 存储要求

5.1.1 卸货存放前准备

(1)构件运进施工现场前,对存放场地占地面积进行计算,根据施工组织设计编制现场存放场内构件的平面布置图。

(2)混凝土构件卸货存放区应按构件型号、类别进行合理分区,集中存放,吊装时可进行二次搬运。

(3)存放场地应平整坚实,基础四周松散土应分层夯实,应核实场地地基承载力。

(4)混凝土构件存放区域宜在起重机械工作范围内。

5.1.2 构件场内卸货存放基本要求

(1)存放构件的地面必须平整坚实,进出道路应畅通,排水良好,以防构件因地面不均匀下沉而倾倒。

(2)构件应按型号、吊装顺序依次存放,先吊装的构件应存放在外侧或上层,并将有编号或有标志的一面朝向通道一侧。存放位置应尽可能在安装起重机械回转半径范围内,并考虑到吊装方向,避免吊装时转向和再次搬运。

(3)构件的存放高度,应考虑存放处地面的承压力和构件的总重量以及构件的刚度及稳定性的要求。一般柱子不应超过两层,梁不超过三层,楼板不超过 6~8 层。

(4)构件存放要保持平稳,底部应放置垫木。成堆存放的构件应以垫木隔开,垫木厚度应高于吊环高度,构件之间的垫木要在同一条垂直线上,且厚度要相等。存放构件的垫木应能承受上部构件的重量。

(5)构件存放应有一定的挂钩绑扎间距,存放时,相邻构件之间的间距不小于

200 mm。对侧向刚度差、重心较高、支承面较窄的构件,需立放就位,除两端垫垫木外,还应搭设支架或用支撑将其临时固定,支撑件本身应坚固,支撑后不得左右摆动和松动。

(6)数量较多的小型构件存放应符合下列要求:

① 存放场地须平整,进出道路应畅通,且有排水沟槽;

② 不同规格、不同类别的构件分别存放,以易找、易取、易运为宜;

③ 如采用人工搬运,存放时尚应留有搬运通道。

(7)对于特殊和不规则形状构件的存放,应制定存放方案并严格行。

(8)采用靠放架立放的构件,必须对称靠放和吊运,其倾斜角度应保持大于等于80°,构件上部宜用木块隔开。靠放架宜用金属材料制作,使用前要认真检查和验收,靠放架的高度应为构件的 2/3 以上。

5.2 起吊要求

5.2.1 起吊验算

以某块叠合板为例,叠合板模板图见图 5.1,并进行验算。

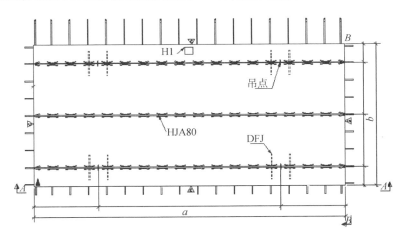

图 5.1 叠合板模板图

脱模阶段:

预制板尺寸:板长 a m,板宽 b m,板厚 c m。

脱模起吊验算:混凝土重度 γ,吊装动力系数取 1.2,脱膜吸附力 1.5 kN/m²。

模板吸附面积:$A_m = a \times b$

板混凝土体积:$V = a \times b \times c$

板自重:$G_k = \gamma \times V$

脱模荷载(自重×动力系数+模板吸附力)=$1.2 \times \gamma V + 1.5 \times A_m$

脱模荷载(荷载自重×1.5)=$1.5 \times G_k$

两者取较大值：Q_{max}

脱模荷载设计值为：$1.2\,Q_{max}$

均布荷载 $q=1.2\,Q_{max}/a$

脱模计算相关见图 5.2。

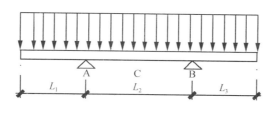

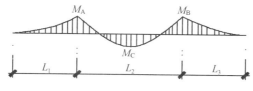

图 5.2　脱模计算简图

$\text{Max}\{M_A, M_B, M_C\}$，取跨中弯矩最大值 M_{max}。

$A_s = \dfrac{M_B}{(h_0 - a_s)f_y}$　与实际配筋率 A_s' 比较。

受拉钢筋等效应力：《混凝土结构设计规范》(GB 50010)、《混凝土结构工程施工规范》(GB 50666)。

$$\sigma_{sq} = \frac{M_q}{0.87h_0A_s} = \frac{M_{max}}{0.87h_0A_s}　\text{与}\ 0.7f_{yk}\ \text{比较。}$$

桁架钢筋起吊，腹筋为 $\phi6$，每个吊点考虑四个截面。

吊点计算：$N=$脱模荷载(自重×动力系数＋模板吸附力)$/4 = (1.2\times\gamma V + 1.5\times A_m)/4$。

每个吊点考虑 4 个 $\phi6$，拉力标准值考虑竖向分布力 $4\times3^2\times3.14\times215/2$，与 N 比较。

5.2.2　起吊安全要求

(1) 预制构件起吊时的混凝土强度应符合设计要求。当设计未提出要求时，混凝土强度不应小于设计强度的 75%，且吊点应通过设计确定。

(2) 预制构件吊点设置应满足平稳起吊的要求，平吊吊运不宜少于 4 个，侧吊吊运不宜少于 2 个且不宜多于 4 个吊点。

(3) 预制构件应按吊装、存放的受力特征选择卡具、索具、托架等吊装和固定措施，满足吊装的安全要求。

5.3 运输要求

一般而言,工厂与施工工地均存在一定的路程距离,为尽量减少成品构件在道路运输时造成的不必要的时间的浪费与质量的损坏,在项目供货前,工厂宜组织有司机参加的有关人员进行运输道路的情况查勘,包括道路是否平整、坚实、通畅,路宽是否满足转弯半径的要求,沿途上空有无障碍物,公路桥的允许负荷量,通过的涵洞净空尺寸等。如沿途横穿铁道,应查清火车通过道口的时间。

此外,应注意到载重汽车的单行道宽度不得小于 3.5 m,拖车的单行道宽度不得小于 4 m,双行道宽度不得小于 6 m;采用单行道时,要有适当的会车点。载重汽车的转弯半径不得小于10 m,半拖式拖车的转弯半径不宜小于 15 m,全拖式拖车的转弯半径不宜小于 20 m。

5.3.1 运输车辆与司机

预制构件一般用于房屋建筑,型号尺寸较大,重量较重,因此一般用载重汽车、平板拖车等运载机具进行道路运输,根据构件的类型、大小、形状,选择采用平躺或竖装的方式运输。在运输途中严禁疾驰急刹,行车速度应不大于表 5.1 规定的数值,避免构件的移动甚至甩出,因此有必要对装货司机进行交底培训。运输车辆应车况良好,刹车装置性能可靠。一般公路运输的装载高度,对二级以上公路不应超过 5 m;对三、四级公路不应超过 4.5 m,运输超高、超宽、超长构件时,应在指定路线上行驶。牵引车上应悬挂安全标志,超高的部件应有专人照看,并配备适当器具,保证在有障碍物情况下可以安全通过。

表 5.1 行车速度参考表 单位:km/h

构件分类	运输车辆	道路情况		
		人车稀少道路平坦视线清晰	道路较平坦	道路高低不平坑洼注
一般构件	汽车	50	35	15
长重构件	汽车	40	30	15
	平板(拖)车	35	25	10

构件装车应稳定牢固,要有可靠的固定措施,并确保车辆不超限。由构件厂安全管理人员和驾驶员共同签字确认后放行。

5.3.2 构件装车

由于预制构件主要为钢筋混凝土制品,而混凝土属于脆性材料,因此在装车时应使用减震材料进行隔离保护(表 5.2),使用软质固定带与车体固定,防止构件移动、倾倒、变形等致使构件损坏。

表 5.2 常用减震材料对比

序号	减震材料	应用	优缺点
1	木方	楼板、阳台、楼梯、空调板、剪力墙、夹心保温板	具有延展性,可重复利用
2	多层板	阳台、空调板、剪力墙、夹心保温板	材质柔软,缓冲性能好,但抗压强度有限,不能浸泡
3	橡胶垫	楼板、阳台、楼梯、空调板、剪力墙、夹心保温板	具有弹性,缓冲性能好,但耐候性能较差,易老化
4	EPS 泡沫板	构件临时堆放	材质柔软,易碎且污染环境,不可重复利用

(1) 预制墙等竖向构件宜采用靠放架运输,见图 5.3(a),一方面方便吊装,另一方面可以使装车空间得到最大化利用,节约成本,更何况墙板本来就是竖向构件,平放装车不利于构件受力,易造成构件裂缝等损坏。竖向构件装车时应注意,靠放架是否具有足够的承载力和刚度,构件靠放时应对称且外饰面朝外,与地面倾斜角度宜大于 80°;构件上部宜采用木垫块隔离,避免构件直接接触,造成构件损伤;与车辆固定时应使用葫芦或软带,避免构件移动。若构件采用插放架直立堆放或运输,应保证插放架有足够的承载力和刚度,并应支垫稳固。如墙板含有门窗洞,应设置临时加固措施,防止构件发生变形。

(2) 叠合板(包括叠合阳台板等)应采用叠层平放的方式运输,见图 5.3(b)。一般而言叠合板的厚度均为 60 mm,部分厚度为 70/80 mm,受力钢筋为 $\phi 8$ 或 $\phi 10$,相对于其他构件来说,比较薄,而尺寸却并不小,运输时更容易受到外在影响造成构件损坏,影响构件外观与质量,因此叠合板装车时应严格按照规范要求叠放,层与层之间应垫平、垫实,最下面一层设置通长支垫或货架,货架与叠合板之间也应垫放好垫块垫木,叠合板之间的垫块垫木应放置在桁架侧边,且上下对齐,板两端(至板端 200 mm)及跨中位置均应设置垫木且间距不大于 1.6 m。叠合板叠放高度不宜大于 6 层。垫木的长、宽、高均不宜小于 100 mm。与车辆进行固定时,应使用软带在支点处绑扎牢固,防止构件移动或跳动。在叠合板的边部或与绳索接触处的混凝土,应采用衬垫加以保护,以防绳索磨损断裂。

(3) 带翻边的预制阳台板、预制空调板,封边高度为 800 mm、1 200 mm 时宜单层放置,若有需要叠放装车,应控制层与层之间垫木点位对齐,一般情况不得超过 2 层,见图 5.3(c)。

(4) 预制楼梯宜采用叠放运输,见图 5.3(d),构件与车板之间宜设置通长木方,楼梯与楼梯之间,两点支点设置在板端 1/4~4/5 板长处,并且做到上下对齐,构件与车辆进行固定时,在软带或绳索与构件接触处,应设置软性材料进行隔离,如橡胶垫、多层板等。

(5) 预制柱、预制梁宜采用叠放装车,叠放不宜超过 3 层,叠放方式与注意事项参照叠合板与楼梯的装车要求。

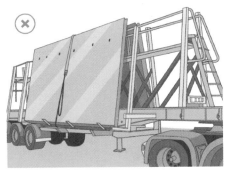

（a.1）墙板装车示意图

（a.2）墙板装车图

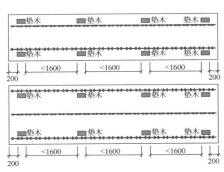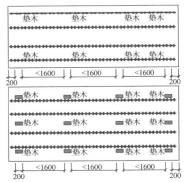

（b.1）叠合板垫木放置示意图

(b.2) 叠合板装车图

(c) 预制阳台装车图   (d) 楼梯装车固定图

图 5.3　预制构件装车

  混凝土预制构件装车完成后,需再次检查装车后构件质量,对于在装车过程中造成构件碰损部位,立即安排专业人员修补处理,保证装车的预制构件合格。

  本章详细介绍了装配式混凝土建筑预制构件在储存、运输环节的要求,并给出了预制板构件起吊验算的实例,使读者能较好把握预制混凝土构件在储存和运输环节的相关注意事项。

6 施工组织策划与设计

装配式混凝土结构的施工组织策划与设计是建造过程顺利实施的重要保证,有其独特之处。一般而言,装配式混凝土结构的制造和施工涉及预制构件工厂、施工现场的布置、施工机械、施工进度、劳动力,以及预制构件及相关材料等相关方面的管理。本章对预制构件工厂选择、施工现场的设计和管理、施工机械选择与管理、施工进度的计划、劳动力配置与管理、预制构件及材料的相关管理和技术要求进行重点阐述。

6.1 预制构件工厂选择

6.1.1 招标

根据项目情况、项目规模公开发布或以邀标形式向特定对象发布招标文件。

招标文件标准形式可由商务文件和技术文件组成,也可合二为一,或者更加简易。视招标单位实际需要及工程规模情况而决定。但其中基本条款和通用条款等组成招标文件的基本要素必须完备。

6.1.2 实地考察

可从以下 6 个方面进行实地考察,并综合加权打分,比对后选择合适的构件加工厂。

(一)场地与设施条件

1. 生产场地规模

(1)生产车间及辅助厂房面积

生产车间面积一般不应小于 15 000 m²,辅助厂房包含配电房、锅炉房、机修间、木工房、仓库等。可通过核查场地布置图等相关资料进行考察。

(2)堆场面积

生产车间面积与堆场面积比例宜为 1∶1.5 或 1∶2。

2. 生产设备

(1)自动化生产线

考察自动化生产线的自动化程度、工艺布置合理性、生产能力等。

(2)钢筋加工设备

考察钢筋加工设备的自动化程度、完备程度、工艺水平、生产产能等。主要包括调直剪断机、弯箍机、滚丝机、对焊机、钢筋网片机等。

（3）混凝土加工设备

搅拌站的工艺水平、先进程度、生产能力,料仓的布置合理性等。

（4）起吊设备

车间行车、堆场龙门吊、汽车吊等起吊设备的起吊能力与生产及运输需求的匹配,工艺布局的合理综合优选方案。

（5）其他设备

如模具加工设备、机械加工设备、预应力生产设备、运输设备、特种设备(混凝土罐车、装载机、叉车等)以及其他突出技术先进的工艺设备。

可通过核查资产证明等相关书面资料、现场查看相关设备、生产车间等方式进行考察。

3.检测设备

包括原材料检测成套设备、配合比设计成套设备、实验室构件性能检验设备以及实验室具备的检测资质。

（二）综合管理水平

1.组织架构与营业相关证书

2.企业标准化管理

考察企业是否拥有完善的管理体系,各种管理制度是否完善、齐全、有效,是否通过ISO管理体系认证。

3.产品标准化管理

考察企业是否拥有完善的产品生产标准化流程管理、产品信息化的平台管理。

4.人员配备情况

（1）关键岗位负责人从业经验;

（2）参加专项职业能力培训,考核合格持证上岗的技术人员;

（3）参加专业职业能力培训,考核合格持证上岗的工人;

（4）特种作业人员。

（三）生产安全

1.安全管理体系

（1）完整的安全管理组织架构;

（2）完整的安全管理制度;

（3）完善的安全应急预案;

（4）按企业规模配置相应的持证安全员;

（5）设备操作规程;

（6）特种设备、危险品、用电、用火等安全专项指南。

2.安全防护设施设备

（1）防火、防风等防灾设施设备完善;

（2）防火、防风等防灾设施设备检修；

（3）特种设备安全检验及维保；

（4）其他设备安全检验及维保；

（5）危险品存储、使用设施满足安全规范；

（6）用电设施设备完善；

（7）生活区安全设施完善。

3. 安全劳保

（1）人员劳保服务装备配置齐全，统一工装；

（2）劳保用品使用正确规范。

4. 安全教育宣贯

（1）定期定岗安全培训；

（2）各工种安全技术交底；

（3）安全标志标识齐全；

（4）定期消防演练。

（四）产品质量与研发

1. 管理体系质量控制

（1）品质管理体系完备；

（2）完整的质量管理组织架构；

（3）完整的质量管理制度。

2. 原材料质量控制

（1）原材料质量保证，资料真实完整；

（2）原材料复检报告真实完整。

3. 生产过程质量控制

（1）各工序隐蔽验收资料真实完整；

（2）生产过程质量控制抽查。

① 模具；

② 钢筋；

③ 混凝土；

④ 预留预埋。

4. 成品质量控制

（1）成品验收资料真实完整；

（2）成品质量抽查。

① 成品质量抽查内容包括：产品编号、观感、强度、尺寸、粗糙面等；

② 构件吊运、堆放和运输：

A. 制定合理吊运方案，现场无二次搬运；

B. 堆放场地、支点、支架有明确规定；

C. 制定构件运输方案,明确构件运输强度要求,运输车辆、固定装置和支撑支架等要求。

5. 产品研发和深化设计

(1)专职研发人员占全部职工比例。专职研发人员包括专业研发人员、实验室主任、实验人员以及总工;

(2)构件深化设计能力和专职深化人员占全部职工比例。专职研发和深化设计人员可相互重叠;

(3)研发成果(专利、工法、发明专利及标准等)。专利指由参与申报的预制混凝土构件生产企业研发的与装配式建筑、建筑产业化相关的专利、工法;

(4)是否高新企业,是否具有持续的研发经费投入。

(五)工程业绩与售后服务

1. 工程业绩

(1)近两年预制构件实际供货量,可通过检查供货合同、回访记录、评价记录等文件进行考察;

(2)近两年服务重大客户。

2. 售后服务

(1)客户评价;

(2)售后回访制度。

(六)社会责任

1. 环保责任

(1)环评证书;

(2)厂内环保措施,通过使用清洁能源,比如天然气、电能进行设备养护;污水再利用,粉尘控制,噪音消减等进行环境保护。

2. 社会责任

(1)政府或行业颁发的嘉奖,以证书或奖牌为准;

(2)企业社会活动相关记录,包括慈善活动、志愿者服务、社会捐赠、义务献血等。

6.1.3　综合价格

根据项目特点,结合各类构件所占比例、复杂程度,数学平均核定综合价格,再综合各类内部和外部因素,做出最优选定。

6.2　施工现场布置设计与管理

6.2.1　施工现场大门、道路

施工现场大门、道路的布置内容见表6.1。

表 6.1　现场大门、道路的布置内容

布置类型	布置的主要原则
大门	1. 施工现场宜考虑设置两个以上大门。大门应考虑周边路网情况、道路转弯半径和坡度限制,大门的高度和宽度应满足大型运输构件车辆通行要求 2. 现场大门应设置警卫岗亭,安排警卫人员 24 h 值班,查人员出入证、材料、构件运输单、安全管理等。施工现场出入口应标有企业名称或企业标识,主要出入口明显处应设置工程概况牌,大门内应有施工现场总平面图和安全生产、消防保卫、环境保护、文明施工等制度牌
道路	1. 施工道路宜根据永久道路布置,车载重量参照运输车辆最大荷载量,一般总重量约为 50 t,道路需满足载重量要求,若需过地下室顶板,需对顶板进行加固,且需经原结构设计单位确认。道路宽度不小于 4 m,车辆转弯半径不小于 15 m,会车区道路不小于 8 m。尽量采用环形道路,道路两侧应做好排水措施 2. 现场可适当考虑构件临时堆放,起吊区不占用道路且地面做法同道路做法,场外道路优先考虑无夜间限制通行的路线,预制构件运输车辆都为重型车辆,沿途经过路段限高、限重、限宽等其他障碍均应满足运输要求

6.2.2　预制构件堆场

装配整体式混凝土结构施工,构件堆场在施工现场占有较大的面积。合理有序地对预制构件进行分类布置管理,可以减少施工现场的占用,促进构件装配作业,提高工程进度。

构件堆放场地宜为混凝土硬化地面或经人工处理的自然地坪,应满足平整度、地基承载力的要求,避免发生由于场地原因造成构件开裂损坏事故,堆放场地应设置在吊车的有效起重范围内,且场地应有排水措施。构件堆场的布置原则详见表 6.2。

表 6.2　构件堆场的布置原则

序号	布置的主要原则
1	构件堆场宜环绕或沿所建构筑物纵向布置,其纵向宜与通行道路平行布置,构件布置宜遵循"先用靠外,后用靠里,分类依次并列放置"的原则
2	预制构件应按规格型号、出厂日期、使用部位、吊装顺序分类存放,且应标识清晰
3	不同类型构件之间应留有不少于 0.7 m 的人行通道,预制构件装卸、吊装工作范围内不应有障碍物,并应有满足预制构件吊装、运输、作业、周转等工作的场地
4	预制混凝土构件与刚性搁置点之间应设置柔性垫片,防止损伤成品构件;为便于后期吊运作业,预埋吊环宜向上,标识向外
5	对于易损伤、污染的预制构件,应采取合理的防潮、防雨、防边角损伤措施。构件与构件之间应采用垫木支撑,保证构件之间留有不小于 200 mm 的间隙,垫木应对称合理放置且表面应覆盖塑料薄膜。外墙门框、窗框和带外装饰材料的构件表面宜采用塑料贴膜或者其他防护措施;钢筋连接套管和预埋螺栓孔应采取封堵措施

预制墙板根据受力特点和构件特点,宜采用专用支架对称插放或靠放存放,支架应有足够的刚度,并支垫稳固。预制墙板宜对称靠放、饰面朝外,与地面之间的倾斜角不宜小于 80°,构件与刚性搁置点之间应设置柔性垫片,防止损伤成品构件,见图 6.1。

图 6.1　预制墙板存放图

　　预制板类构件可采用叠放方式存放,其叠放高度应按构件强度、地面耐压力、垫木强度以及垛堆的稳定性来确定。构件层与层之间应垫平、垫实,各层支垫应上下对齐,最下面一层支垫应通长设置,楼板、阳台板预制构件储存宜平放,采用专用存放架支撑,叠放储存楼梯不宜超过 6 层,叠合板不宜超过 8 层,见图 6.2。预应力混凝土叠合板的预制带肋底板应采用板肋朝上叠放的堆放方式,严禁倒置,各层预制带肋底板下部应设置垫木,垫木应上下对齐,不得脱空,并应有稳固措施,应将吊环向上,标识向外。

图 6.2　板类构件堆放图

　　梁、柱等构件宜水平堆放,预埋吊装孔的表面朝上,且采用不少于两条垫木支撑,构件底层支垫高度不低于 100 mm,且应采取有效的防护措施,见图 6.3。

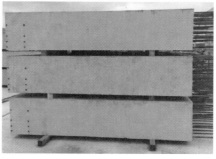

图 6.3　梁柱构件堆放图

预应力构件均有一定的反拱,多层堆放时应考虑到跨中反拱对上层构件的影响,长期堆放时还要考虑反拱随时间的增长,堆放时间不得超过两个月。

图 6.4　预制墙板卸车图

6.2.3　施工现场卸车

为防止因运输车辆长时间停留影响现场内道路的畅通,阻碍现场其他工序的正常作业施工。装卸点应在塔式起重机或者起重设备的塔臂覆盖范围之内,且不宜设置在道路上。预制构件卸车照片见图 6.4。

6.3　施工机械选择与管理

6.3.1　预制构件起重设备选型

预制构件起重设备的选型应综合考虑现场的场地条件、建筑物的总高度、层数、面积等因素,综合成本核算、施工进度情况、施工吊装情况,如楼间距较近,且同时吊装不冲突等情况。常用起重机设备适用范围见表 6.3。

表 6.3　常用起重设备选择

序号	起重设备类型	选择特点	设备示意图
1	轮胎式起重机	主要用于现场驳运、卸货或者面积较大、布置塔吊使用率低,且吊装量不大的情况下的低层厂房等建筑物	
2	履带式起重机	可在一般道路上行走,有较大的起重能力和较快的工作速度,在平整坚实的道路上还可以负载行驶。但履带式起重机行走缓慢,履带对道路破坏性较大,且稳定性差,需要进行抗倾覆验算	

序号	起重设备类型	选择特点	设备示意图
3	塔式起重机	适用于中高层装配式建筑构件的吊装,兼顾其他施工材料的水平垂直运输塔式起重机型号时,首先应分析结构情况,绘出剖面图,并在图上标注各种主要构件的重量及安装时所需的起重半径,然后根据起重机的性能,验算其起重量、起重半径和起重高度是否满足要求	

6.3.2 预制构件起重设备在施工现场的布置与管理

施工现场主要以塔式起重机为主,布置时应充分考虑其塔臂覆盖范围、塔式起重机端部吊装能力、单体预制构件的重量。塔吊布置的主要原则见表 6.4。

表 6.4 塔吊布置的主要原则

序号	主要原则
1	根据项目预制构件的重量及总平面图初步确定塔吊所在位置;综合考虑塔吊最终位置并且考虑塔吊附墙长度是否符合规范要求。根据塔吊参数,以 5 m 为一个梯段找出最重构件的位置,确定塔吊型号及塔臂长
2	平面中塔吊附着方向与标准节所形成的角度应在 30°～60°之间,附着所在剪力墙的宽度不得小于埋件宽度,长度满足需求;附着尽量打在剪力墙柱上,打在叠合梁上需经过原结构设计确认
3	塔吊基础参照设备厂家资料,不满足地基承载力要求的需对地基进行处理
4	塔吊塔臂覆盖范围在总平面图中应尽量避免居民建筑物、高压线、变压器等,如有特殊情况应满足安全和规范要求。塔吊塔臂覆盖范围应尽量避开临时办公区、人员集中地带,如有特殊情况,应做好安全防护措施
5	塔吊之间的距离应满足安全规范要求,相邻塔吊的垂直高度应错开 1～2 个标准节
6	塔吊所在位置应满足塔吊拆除要求,即塔臂平行于建筑物外,边缘之间净距离大于等于 1.5 m;塔吊拆除时前后臂正下方不得有障碍物
7	钢扁担吊具的重量约为 500 kg,起重时应考虑该重量
8	对于占地面积大、楼层较低项目可考虑汽车吊辅助吊装,汽车吊需考虑停车位、行车路线、吊车技术参数、施工组织安排等要求
9	对于起重设备选择需考虑成本、工期、安全等因素

6.4 施工进度计划与管理

进度计划是将项目所涉及的各项工作、工序进行分解后,按照工作开展顺序、开始时间、持续时间、完成时间及相互之间的衔接关系编制的作业计划。通过进度计划的编制，使项目实施形成一个有机的整体。同时，进度计划也是进度控制管理的依据。

6.4.1　施工进度计划的分类

施工进度计划按编制对象的不同可分为：建设项目施工总进度计划、单位工程进度计划、分阶段工程（或专项工程）进度计划、分部分项工程进度计划 4 种。

建设项目施工总进度计划：施工总进度计划是以一个建设项目或一个建筑群体为编制对象，用以指导整个建设项目或建筑群体施工全过程进度控制的指导性文件。它按照总体施工部署确定了每个单项工程、单位工程在整个项目施工组织中所处的地位，也是安排各类资源计划的主要依据和控制性文件。由于施工内容多、施工工期长，故其主要体现综合性、控制性。建设项目施工总进度计划一般在总承包企业的总工程师领导下进行编制。

单位工程进度计划：是以一个单位工程为编制对象，在项目总进度计划控制目标的原则下，用以指导单位工程施工全过程进度控制的指导性文件。由于它所包含的施工内容具体明确，故其作业性强，是控制进度的直接依据。单位工程开工前，由项目经理组织，在项目技术负责人领导下进行编制。

分阶段工程（或专项工程）进度计划是以工程阶段目标（或专项工程）为编制对象，用以指导其施工阶段（或专项工程）实施过程的进度控制文件。

分部分项工程进度计划是以分部分项工程为编制对象，用以具体实施操作其施工过程进度控制的专业性文件。分阶段、分部分项进度计划是专业工程具体安排控制的体现，通常由专业工程师或负责分部分项的工长进行编制。

6.4.2　合理施工程序和顺序安排的原则

施工进度计划是施工现场各项施工活动在时间、空间上先后顺序的体现。合理编制施工进度计划就必须遵循施工技术程序的规律，根据施工方案和工程开展程序去组织施工，才能保证各项施工活动的紧密衔接和相互促进，充分利用资源，确保工程质量，加快施工速度，达到最佳工期目标。同时，还能降低建筑工程成本，充分发挥投资效益。

施工程序和施工顺序随着施工规模、性质、设计要求及装配整体式混凝土结构施工条件和使用功能的不同而变化，但仍有可供遵循的共同规律，在装配整体式混凝土结构施工进度计划编制过程中，应充分考虑与传统混凝土结构施工的不同点，以便于组织施工。

（1）需多专业协调的图纸深化设计，深化设计流程见图 6.5。

（2）需事先编制构件生产、运输、吊装方案，事先确定塔式起重机选型。吊装施工的标准工期示例见图 6.6。

（3）需考虑现场堆放预制构件平面布置。

（4）由于钢筋套筒灌浆作业受温度影响较大，宜避免冬期施工。

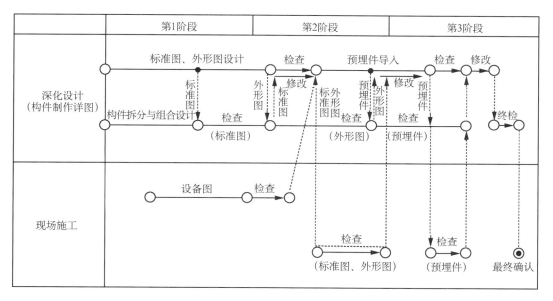

图 6.5 预制构件详图深化设计标准工期示例

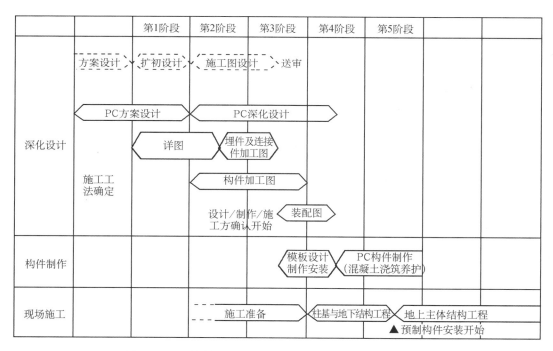

图 6.6 预制构件详图深化设计至吊装施工的标准工期示例

（5）预制构件装配过程中，应单层分段分区域组装。装配式混凝土建筑施工总体工艺见图 6.7。

（6）既要考虑施工组织的空间顺序，又要考虑构件装配的先后顺序。在满足施工工艺要求的条件下，尽可能地利用工作面，使相邻两个工种在时间上合理并最大限度地搭接起来。

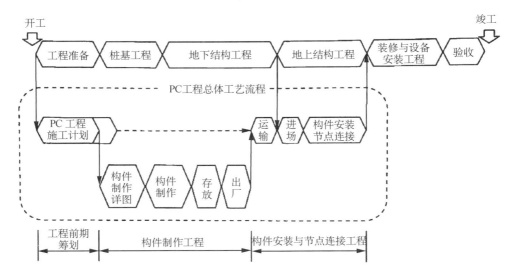

图 6.7　装配式混凝土建筑施工总体工艺流程

（7）穿插施工，吊装流水作业。相比传统建筑施工，装配整体式混凝土结构施工过程中对吊装作业的要求大大提高，塔式起重机吊装次数成倍增长。施工现场塔式起重机设备的吊装运转能力将直接影响到项目的施工效率和工程建设工期。施工进度计划见图 6.8。

	序号	工序名称	1	2	3	4	5	6	7	8	9	10
单层	1	墙下座浆										
	2	预制墙体吊装										
	3	墙体注浆										
	4	竖向构件钢筋绑扎										
	5	支设竖向构件模板										
	6	吊装叠合梁										
	7	吊装叠合楼板										
	8	绑扎叠合板楼面钢筋										
	9	电气配管预埋预留										
	10	浇筑竖向构件及叠合楼板混凝土										
	11	吊装楼梯										

图 6.8　单层装配整体式混凝土结构施工进度计划横道图

6.4.3　施工进度优化控制

在装配整体式混凝土结构实施过程中，必须对进展过程实施动态监测。要随时监控项目的进展，收集实际进度数据，并与进度计划进行对比分析。出现偏差，要找出原因及对工期的影响程度，并相应采取有效的措施做必要调整，使项目按预定的进度目标进行。

项目进度控制的目标就是确保项目按既定工期目标实现，或在实现项目目标的前提下适当缩短工期。

（1）施工进度控制程序

施工进度控制是各项目标实现的重要工作,其任务是实现项目的工期或进度目标。主要分为进度的事前控制、事中控制和事后控制。

（2）进度计划的实施与监测

施工进度控制的总目标应进行层层分解,形成实施进度控制、相互制约的目标体系。目标分解,可按单项工程分解为阶段目标;按专业或施工阶段分解为阶段目标;按年、季、月计划分解为阶段分目标。

施工进度计划实施监测的方法有:横道计划比较法、网络计划法、实际进度前锋线法等。

施工进度计划监测的内容如下:

① 随着项目进展,不断观测每一项工作的实际开始时间、实际完成时间、实际持续时间、目前现状等内容,并加以记录。

② 定期观测关键工作的进度和关键线路的变化情况,并采取相应措施进行调整。

③ 观测检查非关键工作的进度,以便更好地发掘潜力,调整或优化资源,以保证关键工作按计划实施。

④ 定期检查工作之间的逻辑关系变化情况,以便适时进行调整。

⑤ 对有关项目范围、进度目标、保障措施变更的信息等加以记录。项目进度计划监测后,应形成书面进度报告。

（3）进度计划的调整

施工进度计划的调整依据进度计划检查结果进行。调整的内容包括:施工内容、工程量、起止时间、持续日时间、工作关系、资源供应等,调整施工进度计划采用的原理、方法与施工进度计划的优化相同。

调整施工进度计划的步骤如下:分析进度计划检查结果;分析进度偏差的影响并确定调整的对象和目标;选择适当的调整方法,编制调整方案;对调整方案进行评价和决策,确定调整后付诸实施的新施工进度计划。

6.5　劳动力配置与管理

6.5.1　劳动力组织管理

施工项目劳动力组织管理是项目经理部把参加施工项目生产活动的人员作为生产要素,对其所进行的劳动计划、组织、控制、协调、教育、激励等项工作的总称。其核心是按照施工项目的特点和目标要求,合理地组织、高效率地使用和管理劳动力,并按项目进度的需要不断调整劳动量、劳动力组织及劳动协作关系。不断培养提高劳动者素质,激发劳动者的积极性与创造性,提高劳动生产率,达到以最小的劳动消耗,全面完成工程合同,获取更大的经济效益和社会效益。

6.5.2 构件堆放专职人员组织管理

施工现场应设置构件堆放专职人员负责对施工现场进场构件的堆放、储运管理工作。构件堆放专职人员应建立现场构件堆放台账,进行构件收、发、储、运等环节的管理,对预制构件进行分类有序堆放。同类预制构件应采取编码使用管理,防止装配过程出现错装问题。

为保障装配建筑施工工作的顺利开展,确保构件使用及安装的准确性,防止构件装配出现错装、误装或难以区分构件等问题,不宜随意更换构件堆放专职人员。

6.5.3 吊装作业劳动力组织管理

装配整体式混凝土结构在构件施工中,需要进行大量的吊装作业,吊装作业的效率将直接影响到工程施工的进度,吊装作业的安全将直接影响到施工现场的安全文明管理。吊装作业班组一般由班组长、吊装工、测量放线工、司索工等组成。通常一个吊装作业班组由班长 1 人、吊装工 4 人、测量工 2 人(可由管理人员代替)、司索工 2 人、杂工 2 人组成。另外起重吊装应安排专职指挥人员。

6.5.4 灌浆作业劳动力组织管理

灌浆作业施工由若干班组组成,每组应不少于两人,一人负责注浆作业,一人负责调浆及灌浆溢流孔封堵工作。

6.5.5 劳动力组织技能培训

(1)吊装工序施工作业前,应对工人进行专门的吊装作业安全意识培训。构件安装前应对工人进行构件安装专项技术交底,确保构件安装质量一次到位。

(2)灌浆作业施工前,应对工人进行专门的灌浆作业技能培训,模拟现场灌浆施工作业流程,提高注浆工人的质量意识和业务技能,确保构件灌浆作业的施工质量。

6.6 预制构件及相关材料组织与管理

6.6.1 材料、预制构件管理内容和要求

施工材料、预制构件管理是为顺利完成项目施工任务,从施工准备到项目竣工交付为止,所进行的施工材料和构件计划、采购运输、库存保管、使用、回收等所有的相关管理工作。

(1)根据现场施工所需的数量、构件型号,提前通知供货厂家按照提供的构件生产和进场计划组织好运输车辆,有序地运送到现场。

(2)装配整体式结构采用的灌浆料、套筒等材料的规格、品种、型号和质量必须满

足设计和有关规范、标准的要求,座浆料和灌浆料应提前进场取样送检,避免影响后续施工。

（3）预制构件的尺寸、外观、钢筋等,必须满足设计和有关规范、标准的要求。

（4）外墙装饰类构件、材料应符合现行国家规范和设计的要求,同时应符合经业主批准的材料样板的要求,并应根据材料的特性、使用部位来进行选择。

（5）建立管理台账,进行材料收、发、储、运等环节的技术管理,对预制构件进行分类有序堆放。此外同类预制构件应采取编码使用管理,防止装配过程中出现位置错装问题。

6.6.2 材料、预制构件运输控制

应采用预制构件专用运输车或对常规运输车进行改装,降低车辆装载重心高度并设置运输稳定专用固定支架后运输构件。

预制叠合板、预制阳台和预制楼梯宜采用平放运输,预制外墙板宜采用专用支架竖直靠放运输。预制外墙板养护完毕即安置于运输靠放架上,每一个运输架上对称放置两块预制外墙板。运输薄壁构件,应设专用固定架,采用竖立或微倾放置方式。为确保构件表面或装饰面不被损伤,放置时插筋向内、装饰面向外,与地面之间的倾斜角度宜大于80°,以防倾覆。为防止运输过程中,车辆颠簸对构件造成损伤,构件与刚性支架应加设橡胶垫等柔性材料,且应采取防止构件移动、倾倒、变形等固定措施。此外构件运输堆放时还应满足下列要求:

（1）构件运输时的支承点应与吊点在同一竖直线上,支承必须牢固。

（2）运载超高构件时应配电工跟车,随带工具,保护途中架空线路,保证运输安全。

（3）运输 T 梁、工梁、桁架梁等易倾覆的大型构件时,必须用斜撑牢固地支撑在梁腹上。

（4）构件装车后应用紧线器紧固于车体上,长距离运输途中应检查紧线器的牢固状况,发现松动必须停车紧固,确认牢固后方可继续运行。

（5）搬运托架、车厢板和预制混凝土构件间应放入柔性材料,构件应用钢丝绳或夹具与托架绑扎,构件边角与锁链接触部位的混凝土应采用柔性垫衬材料保护。

材料、预制构件的运输见图 6.9。

图 6.9　材料、预制构件的运输

6.6.3　大型预制构件运输方案

运输工作开始之前,要做好充分准备。设计全面的吊装运输方案,明确运输车辆,合理设计并制作运输架等装运工具,并且要仔细清点构件,确保构件质量良好并且数量齐全。当运输超高、超宽、超长构件时,必须向有关部门申报,经批准后,在指定路线上行驶。牵引车上应悬挂安全标志,超高的部件应有专人照看,并配备适当保护器具,保证在有障碍物的情况下安全通过。大型构件在实际运输之前应踏勘运输路线,确认运输道路的承载力(含桥梁和地下设施)、宽度、转弯半径和穿越桥梁、隧道的净空与架空线路的净高满足运输要求,确认运输机械与电力架空线路的最小距离符合要求,必要时可以进行试运。

必须选择平坦坚实的运输道路,必要时"先修路、再运送"。

6.7　专项施工方案主要编制内容

6.7.1　编制依据、范围

装配式混凝土建筑施工方案编制时主要参考的编制依据应包含国家、地方的相关法律法规、规范性文件、标准、规范及施工图设计文件、工程施工组织设计等。

6.7.2　工程概况

工程概况应包含项目主要情况及施工条件、装配式混凝土建筑的设计概况及特点、施工平面布置、施工要求和技术保证条件。项目工况主要内容见表 6.5。

表 6.5　项目工况主要内容

序号	工程概况包含项目	主要内容
1	项目主要情况	项目名称、性质、地理位置和建设规模 项目的建设、勘察、设计和监理等相关单位的情况
2	装配式混凝土建筑的设计概况及特点	装配式混凝土建筑的使用范围及预制率 工程涉及的预制装配式混凝土构件的种类、部位等

序号	工程概况包含项目	主要内容
3	现场施工条件	与装配式混凝土建筑施工运输有关的道路、河流等状况 施工现场场地条件状况 其他与装配式混凝土建筑施工有关的主要因素

施工平面布置应包括各栋楼建筑物周边布置塔吊、施工电梯、构件堆场、材料堆场等情况。

施工要求应包括施工场地要求、安全生产和文明施工的要求、吊装使用的机械设备及工具要求、人员资格要求、安全防护要求等。

6.7.3 总体部署和工期安排

项目开工前应进行施工总体部署规划,并符合现行国家标准《装配式混凝土建筑技术标准》(GB/T 51231)的相关要求。施工现场平面规划、运输通道和存放场地见表 6.6。

表 6.6 施工现场平面规划、运输通道和存放场地

平面规划	1. 现场运输道路和存放场地应坚实平整,并应有排水措施 2. 施工现场内道路应按照构件运输车辆的要求合理设置转弯半径及道路坡度 3. 预制构件运送到现场后,应按规格、品种、使用部位、吊装顺序分别设置存放场地,存放场地应设置在吊装设备的有效起重范围内,且应在堆垛之间设置通道 4. 构件的存放架应具有足够的抗倾覆性能 5. 构件运输和存放对已完成的结构、基坑有影响时,应经计算复核
运输通道	1. 应满足运输构件的大型车辆的宽度、转弯半径要求和荷载要求,路面平整 2. 除对现场道路有要求外,必须对部品运输路线桥涵限高、限行情况实地勘察,以满足要求,如果有超限部品的运输应当提前办理特种车辆运输手续 3. 规划好行车路线,另外也要考虑现场车辆进出大门的宽度及高度 4. 有条件的施工现场应设置一进一出两个大门,以不影响其他运输构件车辆的进出
存放场地	1. 尽可能布置在起重机作业半径覆盖范围内,且避免布置在高处作业下方 2. 地面硬化平整、坚实,有良好的排水措施 3. 如果构件存放到地下室顶板或其他已完成的构筑物上,必须征得设计的同意,确保楼盖承载力满足堆放要求 4. 场地布置应考虑构件之间的人行通道,方便现场人员作业,道路宽度不宜小于 600 mm 5. 场地布置要根据构件类型和尺寸划分区域分别存放
根据施工经验,施工总体部署还应满足下列要求:	
1	总体部署应包括基础、主体结构及装饰装修不同施工阶段的平面布置图
2	塔吊、施工电梯的布置应满足安装、拆除及施工要求,且应兼顾塔吊起吊重量、预制结构中的附属物(埋件等)、构件堆放场地的布置及可能对周围产生的影响
3	施工总体部署应明确临时设施布置,临时设施包括生活区和办公区的布置

6.7.4 资源配置

装配式混凝土建筑工程施工与传统工程施工所配备的施工设备有所不同,也应根据装配式的结构形式进行合理配置,见表 6.7。

表 6.7　主要的装配式建筑资源配置

主要资源		配置选择
设备机械		1. 起重量大、精度高的起重设备 2. 注浆设备,主要包括:灌浆料制备设备、电动灌浆泵、手动灌浆枪、灌浆料测试仪器及工具等 3. 外挂架(根据脚手架形式确定是否采用) 4. 平板运输车
工具		1. 构件固定杆件 2. 斜支撑、水平结构支撑、吊索具等 3. 竖向预制构件预留钢筋固定工具 4 构件校正用仪器(如红外激光垂直投点仪)
人员配置	管理人员配置	一个完整的装配式混凝土工程建筑项目应配备项目经理、项目技术负责人、质量负责人、施工负责人、安全负责人、技术人员等
	专业技术工人配置	装配式混凝土建筑工程施工除需配备传统现浇工程所需配备的钢筋工、模板工、混凝土工、塔式起重机驾驶员、起重工、信号工、测量工等传统工种外,还需增加一些专业性较强的工种,如安装工、灌浆料制备工、灌浆工等,同时对塔式起重机驾驶员、起重工、信号工等工种的能力和水平要求更高一些
培训		装配式混凝土建筑施工前,企业需对上述所有工种进行装配式混凝土建筑施工技术、施工操作规程及流程、施工质量及安全等方面的专业教育和培训。对于特别关键和重要的工种,如起重工、信号工、安装工、塔式起重机驾驶员、测量工、灌浆料制备工及灌浆工等,必须经过培训考核合格后,方可持证上岗

6.7.5　主要技术方案

装配式建筑主要的技术方案见表 6.8。

表 6.8　装配式建筑主要的技术方案

序号	技术方案	方案编制控制要点
1	构件的运输与堆放方案	预制构件运输车辆应满足构件尺寸和载重要求;装卸构件时,应采取保证车体平衡的措施;运输构件时,应采取防止构件移动、倾倒、变形等的固定措施;堆放场地应平整、坚实,并应有排水措施及地下室顶板行车通道加固方案
2	构件的吊装方案	起重设备的选型与架立,吊具设计及准备,构件的吊装顺序与固定
3	节点构造技术方案	竖向构件拼缝防水和保温节点,现浇构件与竖向构件的连接,现浇构件与水平构件的连接,窗边的防水及保温节点
4	构件连接技术方案	构件与接缝处的纵向钢筋应根据接头受力、施工工艺等情况的不同,选用钢筋套筒灌浆连接、焊接连接、浆锚搭接连接、机械连接、螺栓连接、栓焊混合连接、绑扎连接、混凝土连接等连接方式、技术要点的控制

6.7.6　质量、安全、文明施工、工期保证措施

装配式建筑工程主要的保证措施见表 6.9。

表 6.9 装配式建筑工程主要的保证措施

序号	保证项目	保证措施内容
1	质量保证	预制构件、部品进场质量检查与验收;预制构件进场后,项目部应组织业主、监理、厂家及总包进行进场验收,并应形成记录;主要检查内容应包括外观质量、平整度,预制构件上的套筒、预埋件、预留插筋、预埋管线、灌浆孔、溢浆孔等
		材料进场质量检查、检测与验收;材料进场后,应对其数量、规格、型号检验、合格证等相关资料进行检查、检测与验收
		各个环节与产品质量标准及检查验收;所有隐蔽工程清单与检查验收要求
2	安全保证	建立安全生产体系,成立以项目经理为组长的项目安全管理委员会
		按照职业健康安全管理体系思路,结合装配式混凝土建筑工程施工的特点、施工工艺,针对结构施工阶段进行重大危险源识别,制定针对性的控制措施
		对参加起重吊装作业人员,包括司机、起重工、信号指挥(对讲机须使用独立对讲频道)、电焊工等均应接受过专业培训和安全生产知识考核教育培训,取得相关部门的操作证和安全上岗证,并经体检合格方可进行高处作业
		建立日常检查制度,构件起吊前,操作人员应认真检验吊具各部件,详细复核构件型号,做好构件吊装的事前工作,确保起吊安全
		钢管支架支撑系统在搭设、预制构件吊装、混凝土振捣过程中及混凝土终凝前后,安排专职人员动态监测支撑体系位移情况,发现异常情况及时采取措施确保支撑系统安全。交叉支撑、水平加固杆等不得随意拆卸,因施工需要临时局部拆卸时,施工完毕后应立即恢复
3	文明施工保证	装配式混凝土建筑工程开工前应制定文明施工措施,落实责任人员,建立以项目经理为组长的文明施工小组,岗位分工明确,工序交叉合理,交接责任明确
		装配式混凝土建筑项目施工总平面布置应紧凑,施工场地规划合理,符合环保、市容、卫生要求,合理规划施工区、生活区,确保环境卫生管理和食堂卫生管理,施工用的器具应分类堆放整齐
		预制混凝土叠合夹芯保温墙板和预制混凝土夹芯保温外墙板内保温系统的材料,采用黏贴板块或喷涂工艺的保温材料,其组成材料应彼此相容,并应对人体和环境无害
		装配式结构施工应选用绿色、环保材料
4	工期保证	装配式混凝土建筑项目应选用经验丰富的项目经理、技术负责人来组成项目部主要责任人
		施工过程应用流水段均衡施工流水工艺,合理安排工序,在绝对保证安全质量的前提下,充分利用施工空间,科学组织施工
		严格工序施工质量,确保一次验收合格,杜绝返工,以一次成优的良好施工获取工期的缩短
		合理安排各工序的穿插施工以确保施工时间充分利用,同时保证各专业良好配合,避免互相干扰和破坏
		提前做好设计、制作、施工的协调,确保施工顺利进行;提前做好图纸会审及设计交底工作

6.7.7　应急预案

装配式混凝土建筑应急救援预案属于专项应急预案,并符合现行国家标准《生产经营单位生产安全事故应急预案编制导则》(GB 29639)的相关规定,应急预案的编制内容可参见表 6.10。

表 6.10　应急预案的内容

序号	主要项	主要内容
1	事故风险分析	针对可能发生的事故风险,分析事故发生的可能性以及严重程度、影响范围等
2	应急指挥机构及职责	根据事故类型,明确应急指挥机构总指挥、副总指挥以及各成员单位的具体职责。应急指挥机构可以设置相应的应急救援工作小组,明确各小组的工作任务和主要责任人职责
3	处置程序	明确事故及事故险情报告程序和内容、报告方式和责任人等内容。根据事故响应级别,具体描述事故接警报告和记录、应急指挥机构启动、应急指挥、资源调配、应急救援、扩大应急等应急响应程序
4	处置措施	针对可能发生的事故风险、事故危害程度和影响范围,制订响应的应急处置措施,明确处置原则和具体要求

本章按照装配式混凝土结构的施工组织策划与设计主要涉及的关键问题,对预制构件工厂选择、施工现场的设计和管理、施工机械选择与管理、施工进度的计划、劳动力配置与管理、预制构件及材料的相关管理和技术要求进行了重点介绍,同时给出了专项施工方案编制内容的介绍,便于读者理解和掌握。

7 预制构件及材料进场验收

装配式混凝土建筑的主要构件在工厂预制完成,就建筑结构最终成型的构件而言,进场的大多数构件均属于半成品,对后续的施工过程、成型的建筑结构质量等均具有重要的影响。故相关单位应在预制构件及相关材料进场时,进行仔细检查验收,严把第一关。不同于常规现浇混凝土建筑结构,装配式混凝土建筑建造过程中会涉及预制构件及相关的特殊材料,本章对其进行重点阐述。

预制构件及材料的进场验收,分为资料性验收和实体验收。由于预制构件及相关材料的构成、环节、相关参数等因素众多,相当部分无法在施工现场直接进行检测,或检测手段繁复,影响现场施工,因此以相关资料的检查作为验收手段。对于预制构件及相关材料的外观、尺寸、规格、定位等较易检查且非常重要的部分,则多采用在现场直接实体检查的手段进行验收。(图 7.1)

(a) 预制构件进场　　　　　　　　　　(b) 进场检查

图 7.1　预制构件进场和检查

需要进行验收的资料主要包括质量合格证明文件、检验性报告和生产性记录文件。质量合格证明文件应包含:①质量证明书编号、构件编号;②产品数量;③构件型号;④质量情况;⑤制作单位名称、生产日期、出场日期;⑥检验员签名或盖章,可用检验员代号表示。检验性报告包括构件混凝土强度评定报告、钢筋套筒等钢筋连接材料的工艺检验报告、构件相关性能型式检验报告或实体质量检验报告等。由于预制构件种类繁多,不同构件检验性报告的内容和要求往往也千差万别。应当指出的是,预埋在预制构件内的吊点承力件是保证后续吊装施工安全的重要基础,非常重要,因此应该要求厂家提供吊点承力件的承载力证明文件,吊钉类吊点承力件应提供承载力试验报告,吊环类吊点承力件至少应提供承载力验算报告。

生产性记录文件往往是与预制构件产品生产同步形成、收集和整理的资料,可以有效反映进场的预制构件和材料的质量情况,但往往不是预制构件及相关材料进场所必需的资料,相关单位可根据预制构件及相关材料的特点,自行制订需要检查的内容,进一步提高预制构件及相关材料的质量。其中,对于进场时不做结构性能检验的预制构件,往往需要厂家提供预制构件生产过程的关键验收记录。生产性记录文件的内容可包含:①预制混凝土构件加工合同;②预制混凝土构件加工图纸、设计文件、设计洽商、变更或交底文件;③生产方案和质量计划等文件;④原材料质量证明文件、复试试验记录和试验报告;⑤混凝土试配资料;⑥混凝土配合比通知单;⑦混凝土开盘鉴定;⑧混凝土强度报告;⑨钢筋检验资料、钢筋接头的试验报告;⑩模具检验资料;⑪预应力施工记录;⑫混凝土浇筑记录;⑬混凝土养护记录;⑭构件检验记录;⑮构件性能检验报告;⑯构件出厂合格证;⑰质量事故分析和处理资料;⑱其他与预制混凝土构件生产和质量有关的重要文件资料等。

实体验收重点对于预制构件及相关材料的规格、型号、外观质量、粗糙面、预埋件、预留孔洞、出厂日期等进行检查,对预制构件的几何尺寸、材料强度、钢筋配置等进行现场抽检,上述各方面往往由于预制构件种类和特点的不同而产生差异。一般而言,预制构件的外观质量缺陷类型和缺陷程度按表 4.12 进行确定,预制构件的混凝土外观质量不应有严重缺陷和一般缺陷。若出现严重缺陷,应要求生产厂家提出技术处理方案,并经施工单位、监理单位认可后进行处理;对裂缝、连接部位出现的严重缺陷及其他影响结构安全的严重缺陷,技术处理方案应经设计单位认可,对经处理的部位应重新验收。若出现一般缺陷,应及时处理,并重新检查验收。

7.1 结构构件进场验收质量要求

结构构件作为主要受力构件,是装配式混凝土建筑结构成型的基础,直接决定了结构整体性与抗震性能,其重要性不言而喻。由于预制混凝土构件已属于半隐蔽结构,进场检查重点在于相关制造过程质量控制证明文件、检验性报告、外露部分的尺寸规格等,特别是与现场连接施工相关的部位应成为检查的重中之重。结构构件往往也有着尺寸大、重量大的特点,对后续施工安全性具有重要影响的因素,是进场检查重点之一。

7.1.1 预制柱

(1)预制柱的外观质量及构件外形尺寸

预制柱外观质量应按照表 4.12 的内容进行检查,预制柱及相关预设部件尺寸检查按照表 4.15 进行。

(2)预留连接钢筋的相关状态

预制柱预留连接钢筋往往即为柱的纵向受力钢筋,其预留连接段的质量和相关参数直接影响到钢筋连接的质量,应该引起足够的重视。预留连接钢筋的品种、级别、规格和数量可进行抽查,对于位置、长度、间距等则应逐个进行检查,以保证后续连接施工的便捷和质量。值得注意的是,对于预留钢筋伸出段的倾斜度,目前各种规范都未有严格的规定,但实际上伸出钢筋倾斜往往带来后续定位的难度,影响施工进度和连接质量。因此,验收单位可对伸出钢筋的倾斜度提出一定的要求,对伸出钢筋的定位、间距等偏差,可重点检查伸出钢筋端部的位置,相关标准可参见表4.15。

（3）连接套筒的规格、数量、位置等

钢筋连接套筒是预制柱钢筋的主要连接方式,也是保证预制柱连接后受力整体性的关键,是预制柱进场验收的重中之重。预制柱进场时,应逐个进行连接套筒的检查,相关允许偏差及相关检验方法见表4.15。检查连接套筒几何参数的同时,应逐个检查连接套筒内部的堵塞、锈蚀等情况以及套筒内部长度是否满足后续连接钢筋的锚固长度,如图7.2所示。出现影响后续连接施工或连接质量的状况时,如锈蚀严重(图7.3),应及时采取措施;情况过于严重的,可退厂处理。

(a) 套筒内部检查　　　　　　　　(b) 逐个检查确认

图 7.2　连接套筒检查

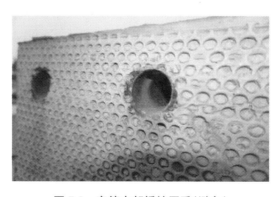

图 7.3　套筒内部锈蚀严重(避免)

（4）粗糙面处理及键槽设置

粗糙面是采用特殊工具或工艺形成预制构件混凝土凹凸不平或骨料显露的表面,是实现预制构件和后浇筑混凝土可靠结合的重要控制环节。就粗糙面的成型方式上来说,

图7.4 预制柱底面采用"气泡膜"粗糙面(避免)

一般可分为:拉毛粗糙面、露骨料粗糙面、键槽粗糙面、人工凿毛粗糙面、"气泡膜"粗糙面、花纹钢板粗糙面等。一般而言,粗糙面的面积不宜小于结合面的80%,且预制柱端的粗糙面凹凸深度不应小于6 mm。

近年来,许多厂家采用"气泡膜"覆盖于模具上,混凝土硬化后,可在表面上形成规律的圆凹槽,即为"气泡膜"粗糙面,如图7.4所示。由于加工成本低、易于掌握等特点,受到了许多厂家的欢迎。然而,由于该形式的粗糙面部位,往往主要是硬化的水泥浆,对于受较大轴压力的柱底界面,该粗糙面是否会影响到柱的受压承载力,目前尚缺少试验研究。因此,预制柱底上应该尽量避免"气泡膜"粗糙面。

（5）注浆孔、出浆孔的状况

注浆孔、出浆孔等,对于预制柱吊装完成后进行灌浆的工艺至关重要,若发生堵塞,将影响后续的灌浆质量,进而影响预制柱的连接质量。因此,在预制柱进场时,应对所有灌浆孔、出浆孔的位置、数量等情况进行检查核对。对于通畅情况,可采用光照观察或将细钢丝等细物伸进相关孔探测等手段,进行逐个检查。

（6）预埋件的状态

预埋件主要有两类,一种是作为吊点、施工设施设备附着点、临时支撑点等受力预埋件,另一类为受力不大的如模板连接点、电盒等功能性预埋件。受力预埋件影响到预制柱的起吊、安装以及其他相关设备的安全,应格外重视。规格、数量等严格按照设计文件进行核对,位置误差等按照表4.15进行检查。发现不合格的构件,特别是有存在影响吊装安全的质量问题,应立即退场。

预制柱吊环不应有明显锈蚀,对于内埋式吊点(图7.5),还应检查内部堵塞情况,若出现堵塞,应及时进行处理,无法处理的,应立即退场。

图7.5 预制柱内埋式吊点

（7）构件的唯一性标识

每个预制柱应具有独立的标号,在进场时,预制柱表面应该具有对应编号的唯一性标识,便于后续施工中对预制柱的确认。

（8）资料性检查

预制柱进场的相关资料性文件应包含以下内容:混凝土强度检验报告,钢筋套筒等其他构件钢筋连接类型的工艺检验报告;吊钉类吊点承力件提供承载力试验报告,吊环类吊点承力件承载力验算报告等。若设计有要求或合同约定时,还应要求预制厂商提供混凝土抗渗、抗冻等约定性能的试验报告。

7.1.2 预制梁

（1）构件的外观质量及构件外形尺寸

预制梁外观质量应按照表 4.12 的内容进行检查,预制梁及相关预设部件尺寸检查按照表 4.15 进行。

（2）预留连接钢筋的状态

就目前国内主要应用的装配式建筑结构而言,预制梁基本为下部预制、上部现浇的预制叠合梁。预制梁的下部钢筋多伸出梁端,与其他预制柱或预制梁等构件进行连接,下部伸出钢筋的状态,如品种、级别、规格、数量、位置、长度、锚固形式等,将影响到后续施工和结构成型质量。因此,底部伸出纵筋的状态也是检查的重点之一。预留连接钢筋的品种、级别、规格、数量、位置、锚固长度等应按照设计图纸进行检查。位置和锚固长度误差可参照表 4.15。

就目前的预制梁底部伸出纵筋锚固方式而言,主要有弯折型和锚板型,如图 7.6 所示。按照《混凝土结构设计规范》(GB 50010)的相关规定,采用上述两种锚固端锚方式进行锚固的钢筋,其锚固长度可取基本锚固长度的 60%。对于弯折型锚固端锚,弯钩内径应为 $4d$(d 为钢筋直径),弯后直段长度为 $12d$。对于锚板型锚固端锚,锚板的承压净面积不应小于锚固底筋截面积的 4 倍。在预制梁进场时,预制梁底筋的锚固形式要求应予以一定的重视。

(a) 弯折型　　　　　　　　　　　　　　(b) 锚板型

图 7.6　预制梁底筋锚固形式

（3）外露箍筋的状态

对于预制叠合梁而言,考虑生产和施工的需要,主要有两种箍筋形式,分别为整体封闭箍筋和组合封闭箍筋。整体封闭箍筋即为单根钢筋弯折形成的箍筋,正常情况下,其接头位置应设置于预制混凝土内部,使得箍筋露在外面的部分为连续的整体,如图 7.7(a)所示。若将接头设置于预制混凝土内存在较大难度时,也可将箍筋结构置于叠合层内。当接头位于叠合层内时,相邻的箍筋接头应该交错设置,如图 7.7(b)所示。

(a) 接头位于预制混凝土内　　　(b) 接头位于叠合层

图 7.7　整体封闭箍筋

组合封闭箍筋是一种为了便于现场施工,由两根钢筋形成的箍筋形式,一般分为开口箍筋和箍筋帽封闭开口箍筋两部分,如图 7.8 所示。开口箍筋上方和箍筋帽应做成 135° 弯钩,非抗震设计时,其平直段长度不应小于 $5d$(d 为箍筋直径),抗震设计时,其平直段长度不应小于 $10d$。

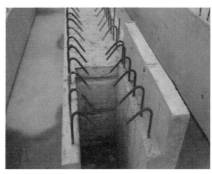

(a) 开口箍筋　　　(b) 箍筋帽封闭开口箍筋

图 7.8　组合封闭箍筋

预制梁箍筋外露部分外表面应光洁,不应有明显的混凝土污染,其高度、间距、级别、规格以及封闭型式应按照设计图纸进行检查验收。

(4) 与后浇混凝土连接处的粗糙面或键槽设置

预制叠合梁与后浇混凝土接触部位主要有梁顶部位和梁端部位。梁顶部位接合面主要保证与上部混凝土保持整体性,一般而言,只要适当处理,使得预制梁顶保持一定的粗糙即可。梁端部位往往设置剪力键或者 U 形键槽。梁端剪力键主要用于提高梁端结合处的受剪承载力,较为重要,应该按照设计图纸,严格检查和验收剪力键部位。一般而言,剪力键深度不宜小于 30 mm,宽度不宜小于深度的 3 倍且不大于深度的 10 倍,剪力键端部斜面倾角不宜大于 30°。当预制梁端设置 U 形键槽式,往往采用底筋搭接的形式形成整体连接,该部位受力较为关键。根据东南大学的相关试验结果,U 形键槽内的后浇混凝土与 U 形键槽壁在反复荷载作用下,往往会出现一定的剥离而不能保持整体受力的状态,因此,后浇混凝土

126

与 U 形键槽壁的粘结状态应予以一定的重视。为提高 U 形键槽壁与后浇混凝土的整体性，U 形键槽内壁宜设置粗糙面，如"气泡膜"粗糙面或凿毛等，如图 7.9 所示。

（a）"气泡膜"粗糙面　　　　　　　　（b）凿毛

图 7.9　U 形键槽内粗糙面处理

（5）预埋件的状态

与预制柱类似，预制梁上的预埋件同样主要有受力性预埋件和功能性预埋件。与预制柱不同的是，预制梁的受力性预埋件不仅仅有用于吊装的吊点、吊环等施工性预埋件，对于主梁而言，往往还存在着用于连接次梁的结构性预埋件，如图 7.10 所示。施工性预埋件规格、数量等严格按照设计文件进行核对，位置误差等按照表 4.15 进行检查。结构性预埋件的规格、数量等严格按照设计文件进行核对，位置误差应在 ±5 mm 以内，不合要求的预埋件，应采取相应措施进行及时处理。

 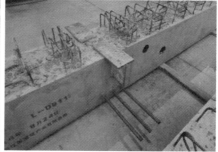

（a）施工性预埋件　　　　　　　　（b）结构性预埋件

图 7.10　预制梁受力性预埋件

（6）构件的唯一性标识

每个预制梁应具有独立的标号，在进场时，预制梁表面应该具有对应编号的唯一性标识，便于后续施工中对预制梁的确认。

（7）资料性检查

预制梁进场时，除专门要求的可不做结构性能检验的构件，均应进行结构性能检验，形成相关文件后，方可进场。结构性能检验应符合国家现行相关标准的规定及设计要求，检验要求和试验方法应符合《混凝土结构工程施工质量验收规范》（GB 50204）的相关规定。钢筋混凝土构件和允许出现裂缝的预应力混凝土构件应进行承载力、挠度和裂缝宽度检验,不允许出现裂缝的预应力混凝土构件应进行承载力、挠度和抗裂检验。对大型构件及有可靠引用经验的构件,可只进行裂缝宽度、抗裂和挠度检验。对使用数量较少的构件,当能提供可靠依据时,可不进行结构性能检验。

预制梁进场的相关资料性文件,应包含以下内容:混凝土强度检验报告、钢筋套筒等其他构件钢筋连接类型的工艺检验报告、吊钉类吊点承力件提供承载力试验报告、吊环类吊点承力件承载力验算报告等,按照规范要求的相关结构性能检验报告。若设计有要求或合同约定时,还应要求预制厂商提供混凝土抗渗、抗冻等约定性能的试验报告。

7.1.3　预制叠合板

预制叠合板作为目前我国装配式建筑中应用量最大、范围最广的一类构件,对建筑成型质量、结构受力性能、施工安装效率等都有着较大的影响。

（1）预制叠合板外观质量及外形尺寸

预制叠合板外观质量应按照表4.12的内容进行检查,预制叠合板及相关预设部件尺寸检查按照表4.13进行。

（2）预留连接钢筋的状态

预制叠合板侧边伸出的钢筋即为其连接钢筋,其品种、级别、规格、数量、位置、长度、间距、锚固形式等应按照设计图纸和相关表格的误差允许范围进行检查。一般而言,预制叠合板的预留连接钢筋主要分为两种:伸入周边结构的锚固钢筋、与其他预制叠合板钢筋搭接的连接钢筋。对于伸入周边结构的锚固钢筋而言,又分为板端锚固钢筋和板侧锚固钢筋,往往为平直段形式。若采用特殊构造,在伸出钢筋端部形成锚固段,则更加有利于钢筋的锚固,如图7.11所示。板端锚固钢筋往往是受力方向上的钢筋,其状态更为重要。板端钢筋伸出长度不应小于$5d$（d为钢筋直径）。板侧锚固钢筋应按照设计图纸进行检查验收,一般而言,不宜小于$5d$。

图7.11　预制叠合板锚固钢筋端锚形式

存在与其他预制叠合板钢筋搭接的连接钢筋的预制叠合板,一般用于双向受力的楼板中,该部分的连接钢筋需要在楼板成型后,传递板底拉力,故而非常重要。目前我国主流的预制叠合板相互之间的板底钢筋连接方式主要为搭接形式,具体的细节主要分为两种。一种为预制板边伸出钢筋弯钩,不同预制板的连接钢筋直接在接缝处进行搭接;另一种为预制板边伸出钢筋向上弯折,与其他预制板连接钢筋在接缝处搭接后,仍有部分长度锚固于上部叠合现浇层中。两种预制叠合板伸出钢筋的形式如图7.12所示。对于第一种形式,伸出钢筋长度应满足设计要求,且大于（l_a+10）mm和210 mm的较大值（l_a为钢筋锚固长度）;对于第二种方式,伸出钢筋下部水平段应满足设计要求,且至少大于

（50＋10d）mm 和 150 mm 的较大值（d 为钢筋直径），伸出钢筋倾斜段和上部平直段长度之和应大于 l_a，倾斜段较大应不小于 30°。

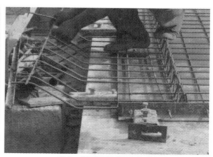

（a）直接搭接形式　　　　　　　　　　（b）搭接后锚固形式

图 7.12　预制板受力性预埋件

（3）预埋件、预留孔洞、桁架筋等预设部位状态

预埋件、预留孔洞等预设部位的规格、数量等应按照设计文件进行核对，位置误差等按照表 4.13 进行检查。对于起吊用的吊环还应注意成型质量等。桁架筋表面不应有过于严重的水泥砂浆污染，桁架筋的水平间距一般为 600 mm，应均布于预制叠合板上，偏位过于严重的，应退厂处理。桁架筋上弦的位置会影响楼板的板面钢筋的位置乃至楼板厚度，应该格外重视，不能过高也不能过低，保证在误差范围之内。

（4）与后浇混凝土连接处的粗糙面处理

预制叠合板的粗糙面根据制造方式不同，一般主要分为两类：拉毛式和扫毛式，如图 7.13 所示。对于拉毛式粗糙面，无特殊规定的情况下，其深度一般不应小于 4 mm。扫毛式虽有许多预制构件厂采用，但由于其粗糙面难以定量化，可靠性难以判断，故而在有条件的情况下，一般不鼓励采用。若采用了扫毛式粗糙面，应保证结合面上均有明显扫毛痕迹，如图 7.13(b) 所示。若扫毛痕迹过浅，应采取有效措施进行处理。

（a）拉毛式　　　　　　　　　　　　（b）扫毛式（合格）

图 7.13　预制叠合板粗糙面

（5）构件的唯一性标识

每个预制叠合板应具有独立的标号，在进场时，预制板表面应该具有对应编号的唯一性标识，便于后续施工中对预制板的确认。

（6）资料性检查

当预制板后续施工采取下部有支撑形式时，可不进行结构性能检验。当预制板后续施工采取下部无支撑形式时，预制板在施工阶段的受力性能直接影响安全与质量，故应按施工工况进行裂缝宽度、抗裂和挠度检验，形成相关文件后，方可进场。

预制板进场的相关资料性文件，应包含以下内容：混凝土强度检验报告；吊钉类吊点承力件提供承载力试验报告，吊环类吊点承力件承载力验算报告等；当预制板后续施工采取下部无支撑形式时，提供相关结构性能检验报告。若设计有要求或合同约定时，还应要求预制厂商提供混凝土抗渗、抗冻等约定性能的试验报告。

7.1.4 预制剪力墙

由于剪力墙结构是我国主要的一种建筑结构形式，预制剪力墙的应用量也相当大。预制剪力墙作为重要的竖向受力构件，其在进场验收方面与预制柱具有一定的相似性，其预埋件、资料性的检查可参见预制柱预埋件的相关内容。

（1）预制剪力墙外观质量及外形尺寸

预制剪力墙外观质量应按照表 4.12 的内容进行检查，预制剪力墙及相关预设部件尺寸检查按照表 4.14 进行。

预制叠合剪力墙，又称"双板墙"，如图 7.14 所示，是一种利用内、外叶预制而中空的预制剪力墙形式，其中空的部分需要在后期现浇施工进行填实，这部分也是保证结构整体性的关键之一。因此，预制叠合剪力墙中空部分的厚度误差应在 ±3 mm 之内。

(a) 安装阶段   (b) 细节图

图 7.14　预制叠合剪力墙

（2）预留连接钢筋的相关状态

预留连接钢筋的品种、级别、规格、数量、位置、长度、间距、锚固形式等应按照设计文件进行检查和验收。一般而言，预制剪力墙的预留连接钢筋主要有两种：位于墙侧的竖缝连接钢筋和位于墙顶的上下连接钢筋。墙侧的竖缝连接钢筋一般与附加钢筋进行搭接连接，锚固于预制墙侧面的后浇带中，其位置和长度误差可按照表 4.14 预留插筋的项目进行检查和验收。

预制墙顶的上下连接钢筋，根据连接方式不同又可分为灌浆套筒连接钢筋和浆锚搭接连接钢筋。灌浆套筒连接钢筋的位置和长度误差可参照表 4.14 执行。由于剪力墙的灌浆套筒连接钢筋长度较短,其倾斜度对后续施工效率和成型质量也将产生较大影响,故而验收单位应对伸出钢筋的倾斜度提出一定的要求。浆锚搭接连接钢筋往往较长,其位置和长度允许误差可参照表 4.14 预留插筋的项目进行检查和验收。

(3)连接套筒或预留连接孔洞的相关情况

预制剪力墙采用灌浆套筒连接时,由于预制剪力墙的灌浆套筒往往规格较小,出现偏差更容易导致严重的质量问题,故而对预制剪力墙灌浆套筒检查应该更加严格。预制剪力墙进场时,应逐个进行连接套筒内部的堵塞、锈蚀等情况检查,并重点检查套筒内部长度和套筒的定位,相关允许偏差及检验方法可参照表 4.14。在检查灌浆套筒的同时,应对所有灌浆孔、出浆孔位置、数量等情况进行检查核对,并采用光照观察或将细钢丝等细物伸进相关孔探测等手段进行逐个检查。

预制剪力墙采用浆锚搭接连接时,预留连接孔洞相对来说较大,后续施工时,调节的空间相对较大,故而预留连接孔洞的位置偏差可控制在±5 mm 内。采用浆锚搭接连接的预制剪力墙进场时,应按照设计图纸核实规格、数量、位置等,并注意孔洞内部的通畅情况。

(4)与后浇混凝土连接处的粗糙面处理

预制剪力墙与后浇混凝土连接处主要位于预制剪力墙周圈厚度方向范围,常用的粗糙面形式有:键槽式、钢筋槽式、水洗露骨料式、气泡膜式等,如图 7.15 所示。键槽式粗糙面以整块的键槽为特点,该形式的键槽尺寸应以设计图纸为准,相关尺寸误差可参照表 4.14。钢筋槽式粗糙面实际上是通过在模具上焊接钢筋条而形成的,该形式的粗糙面受力性能还未得到试验检验,一般而言,钢筋槽的间距不大于 100 mm。水洗露骨料式和气泡膜式粗糙面与现浇混凝土形成的结合面抗剪性能较好,能有效保证界面粘结性能和结构的整体性,建议在满足设计粗糙度要求的前提下,优先选用水洗露骨料粗糙面和气泡膜粗糙面。在选用水洗露骨料式粗糙面时,应有效控制水洗的效果,保证粗糙面上的大部分骨料有近一半体积露出。当采用水洗露骨料式粗糙面的预制剪力墙进场时,若绝大部分区域未达到上述效果,应采取有效措施进行改进。

(a)键槽式　　　　　(b)钢筋槽式　　　　　(c)水洗露骨料式　　　　　(d)气泡膜式

图 7.15　预制剪力墙粗糙面形式

（5）构件的唯一性标识

每个预制剪力墙应具有独立的标号，在进场时，预制剪力墙表面应该具有对应编号的唯一性标识，便于后续施工中对预制剪力墙的确认。

（6）资料性检查

预制剪力墙进场的相关资料性文件，应包含以下内容：混凝土强度检验报告、钢筋套筒等其他构件钢筋连接类型的工艺检验报告、吊钉类吊点承力件提供承载力试验报告、吊环类吊点承力件承载力验算报告等。若设计有要求或合同约定时，还应要求预制厂商提供混凝土抗渗、抗冻等约定性能的试验报告。

7.2 非结构构件进场验收质量要求

非结构构件主要指的是为完成某一种建筑功能，在抗震计算中不参与计算受力的一类构件，一般包括外挂墙板、内隔墙、预制楼梯、预制阳台、预制空调板等。该类构件的质量不至于影响到结构整体的受力安全，但对于实现建筑使用功能、保证用户人身安全以及后续高效施工建造等方面都有着重要的影响。因此，该类构件的进场检查也应给予足够的重视。

7.2.1 外挂墙板

预制外挂墙板作为装配式建筑中的围护构件，是装配式建筑成型的重要环节，也是保证建筑功能和使用质量的关键因素之一。目前，我国的预制外挂墙板根据适应建筑结构变形的方式来分，主要有：平动式、转动式和固定式；根据预制外墙板与结构的连接方式，又可分为：点挂式、线挂式和点线结合式。如图 7.16 所示，点挂式预制墙板与主体结构通过不少于两个独立支承点传递荷载，线挂式预制外挂墙板主要通过墙板边缘局部与主体结构的现浇段来实现连接，点线结合式预制外挂墙板则结合了上述两种连接方式的特点，保留了一定的现浇段和支承点来实现与主体结构的连接。

| (a) 点挂式 | (b) 线挂式 | (c) 点线结合式 |

图 7.16 预制外挂墙板主要连接方式

（1）外挂墙板外观质量及构件外形尺寸

外挂墙板外观质量应按照表 4.12 的内容进行检查，外挂墙板及相关预设部件尺寸检查按照表 4.14 进行。对于点挂式和点线结合式外挂墙板，用于连接结构的预埋件，其尺寸和定位应严格检查，保证满足表 4.14 的要求。

（2）预留连接钢筋的相关状态

线挂式和点线结合式外挂墙板，主要通过伸出的预留钢筋锚入结构的叠合现浇层来进行连接，其相关的质量状态关系到外挂墙板连接的安全性能，因此应给予足够的重视。预留连接钢筋的品种、级别、规格、数量、位置、长度、间距、锚固形式等应按照设计图纸和相关的误差允许范围进行检查，且预留连接钢筋的表面不应有明显的污染状况。

（3）与后浇混凝土连接处的粗糙面处理及键槽设置

线挂式和点线结合式外挂墙板与结构相连接的部分，其粗糙面是外挂墙板和现浇混凝土部分相连接的关键。其粗糙面的面积不宜小于结合面的 80%，且粗糙面凹凸深度不应小于 6 mm。若在结合面上设置剪力键，剪力键深度不宜小于 30 mm，宽度不宜小于深度的 3 倍且不大于深度的 10 倍，剪力键端部斜面倾角不宜大于 30°。

（4）门窗框的安装固定及外观质量

外挂墙板上将会安装门窗框等，其外观应完整、良好，不应有明显的损伤，安装允许偏差和检验方法见表 7.1。

表 7.1　门、窗框安装允许偏差和检验方法

项次	检查项目	允许偏差/mm	检验方法
1	门、窗框位置	2	钢尺检查
2	门、窗框高、宽	±2	钢尺检查
3	门、窗框对角线	±2	钢尺检查
4	门、窗框的平整度	2	钢尺检查

（5）外装饰面层外观质量

根据不同项目的要求，外挂墙板外表面可能在工厂阶段进行外装饰作业，减少现场的外装作业量。外挂墙板的外饰面的验收可参照《建筑装饰装修工程验收标准》（GB 50210）或《清水混凝土应用技术规程》（JGJ 169）的相关规定。采用观察或轻击，并与样板比较的方式对预贴饰面砖、石材等饰面及装饰混凝土饰面的外观质量进行检查。相关尺寸偏差和检验方法见表 4.16。

（6）构件的唯一性标识

每个预制外挂墙板应具有独立的标号，在进场时，外挂墙板应该具有对应编号的唯一性标识，便于后续施工中对外挂墙板的确认。

（7）资料性检查

外挂墙板进场的相关资料性文件，应包含以下内容：混凝土强度检验报告、连接节点及其相关连接用预埋件的工艺检验报告，吊钉类吊点承力件提供承载力试验报告、吊环类吊点承力件承载力验算报告等。若设计有要求或合同约定时，还应要求预制厂商提供混凝土抗渗、抗冻等约定性能的试验报告。

对于预制保温夹芯保温墙，在进场时可要求提供拉结件的质量证明文件，包括出厂检验报告和形式检验报告，出厂检验报告中应包含外观质量、尺寸偏差、材料力学性能，形式

检验报告中应包含外观质量、尺寸偏差、材料力学性能、锚固性能、耐久性能等。

7.2.2 内隔墙

内隔墙作为建筑的重要组成部分,预制内隔墙构件的进场验收也不应忽视。目前,我国应用的预制内隔墙板主要有蒸压加气混凝土板、轻质陶粒混凝土板以及由两种或两种以上不同性能材料复合而成的轻质条板等。预制内隔墙的进场检查主要有外观质量及尺寸检查、资料性检查等。

(1)预制内隔墙的外观质量及外形尺寸

预制内隔墙外观质量应按照表 7.2 的内容进行检查,预制内墙板相关尺寸检查按照表 4.14 进行。预制内墙板的外观质量及尺寸允许偏差检验以 1 000 块为一个批次,不足 1 000 块的也视为一批。每批随机抽查 10 块。

表 7.2 预制内墙板外观质量

项次	检查项目		指标	检测方法
1	板面外露筋、露纤,复合板面层脱落		不应有	自然光条件下,距板面 0.5 m 处目测
2	裂缝	贯穿性裂纹、非贯穿性横向裂纹	不应有	目测
		非贯穿性裂纹,长度大于 100 mm 或宽度大于 1 mm		用游标卡尺及刻度为 1 mm 的钢直尺测量
		非贯穿性裂纹,长度 50~100 mm,宽度 0.5~1 mm	≤2 处	
3	缺棱掉角	宽度×长度 10 mm×25 mm 至 20 mm×30 mm	≤2 处	用刻度为 1 mm 的钢直尺测量
		宽度×长度>600 mm²	不应有	
4	蜂窝气孔	长径 5~30 mm	≤2 处	用刻度为 1 mm 的钢直尺测量
		长径大于 30 mm	不应有	

(2)资料性检查

预制墙板进场时,应要求检查预制内墙板、粘结剂和嵌缝带的质量检验报告。墙板的质量报告中应含产品名称、产品标准编号、产品规格、型号、主要技术参数等,主要技术参数包括密度级别、强度级别、抗压强度、平均干密度、干导热系数、抗冻性、干燥收缩率、放射性、吊挂力、抗冲击性能、抗弯破坏荷载/板自重倍数、防火性能、隔声性能等。粘结剂报告中应包含抗压强度、压剪粘结强度、可操作时间、干燥收缩值、抗冻性等相关指标。

7.2.3 预制楼梯

预制楼梯作为规格化程度较高的一类构件,应用面较为广泛。楼梯是建筑交通流线的重要组成部分,是保障建筑内人员安全的重要因素之一,特别在地震、火灾等极端情况下,更是人员疏散的主要通道。因此,预制楼梯的制造和施工质量也应引起足够的重视。

目前,还没有单独的预制楼梯验收标准,但作为水平类构件,其相关的进场检查标准可参照预制楼板、预制梁等构件的检查标准。用于起吊的预埋件可参照预制叠合楼板的相关内容,资料性的检查可参见预制梁的相关内容。

（1）预制楼梯的外观质量及外形尺寸

预制楼梯混凝土外观质量应按照表 4.12 的内容进行检查,预制楼梯的相关预设部件尺寸检查按照表 4.13 进行,预制楼梯自身相关尺寸要求可参照表 7.3 进行。

表 7.3　预制楼梯外形尺寸允许偏差及检验方法

项次	检查项目		允许偏差/mm	检验方法
1	规格尺寸	长度	±5	用尺量楼梯的梯段长度
2		宽度	±5	用尺量两端及中间部,取其中偏差绝对值较大值
3		厚度	−3,+5	用尺量楼梯的梯段底面至踏步凹角部位的最小距离,量取梯段长度方向两端及中间部位置共 4 处,取其中偏差绝对值较大值
4	对角线差		5	在构件表面,用尺量测梯段两对角线的长度,取其绝对值的差值
5	外形	下表面平整度	4	用 2 m 靠尺安放在构件表面上,用楔形塞尺量测靠尺与表面之间的最大缝隙
6		侧向弯曲	$L/750$ 且≤20 mm	拉线,钢尺量最大弯曲处
7		扭翘	$L/750$	四对角拉两条线,量测两线交点之间的距离,其值的 2 倍为扭翘值
8	踏步尺寸		−3,+3	用尺量

（2）预留连接孔口的形状和相关参数

目前我国的预制楼梯主要采用搁置的方式安装于结构中,通过预制楼梯两端的预留连接孔与预埋于结构中的销栓钢筋进行连接。预留连接孔一般位于预制楼梯的搁置段上,如图 7.17 所示。预制楼梯一般采用"一端固支一端滑动"的方式安装于结构中,其两端的预留连接孔形状是不同的。滑动端的预留连接孔为圆柱形,上下直径相同;固支端的预留连接孔则为上大下小的圆锥柱状,用以防止预制楼梯在地震作用下发生上跳等不利情况。固支端上大下小的预留连接孔是保证使用安全性能的重要措施,但由于该细节容易忽视,技术能力相对较弱的预制构件厂可能发生疏忽,预留连接孔形状颠倒的情况时有发生。因此,在预制楼梯进场时,对于预留连接孔的检查应予以重视,发生预留连接孔不合格的情况时,应及时处理,以免造成后续施工的麻烦或甚至发生质量事故。

（3）踏面防滑槽的设置

由于楼梯的特殊性,预制楼梯踏面上用于行走的部位应设置防滑槽。预制楼梯进场时,应检查是否按照设计文件要求,设置防滑槽。对于未按要求设置防滑槽的预制楼梯构件,应及时采取措施进行整修或退厂处理。

图 7.17　预制楼梯

（4）构件的唯一性标识

每个预制楼梯应具有独立的标号，在进场时，预制楼梯表面应该具有对应编号的唯一性标识，便于后续施工中对预制楼梯的确认。

7.2.4　预制阳台、空调板等

预制阳台、空调板等预制构件是重要的附属构件，对于建筑功能和使用安全具有重要的影响。目前还未有专门关于预制阳台、空调板等构件的进场验收标准，但从受力角度来看，预制阳台、预制空调板等构件属于水平构件，接近于梁、板等构件，故而其相关进场检查可参见预制梁、预制板等构件。

（1）构件的外观质量及相关尺寸

预制阳台、空调板等预制构件混凝土外观质量应按照表 4.12 的内容进行检查，相关预设部件尺寸检查按照表 4.13 进行，构件自身相关尺寸要求可参照预制叠合板的相关标准，即表 4.13 进行检查。在检查相关尺寸、位置等偏差的同时，还应注意与起吊相关的吊点、吊环等制造质量。

（2）预留连接钢筋的状态

相对而言，预制阳台构件体型较大、重量较重，一般保留一定的现浇层，通过叠合层中的预留连接钢筋搭接等方式实现构件与结构的连接，预制阳台形式如图 7.18 所示。预制空调板体型较小、重量较轻，一般通过结构伸出钢筋并在相应位置预留孔道，通过预伸钢筋在预留孔道的浆锚连接，将预制空调板"挂"在主体结构上，如图 7.19 所示。因此，预制阳台、预制空调板等构件的预留连接钢筋非常重要，应依据设计文件，严格检查其品种、级别、规格、数量、位置、长度、间距、锚固形式等。

（3）与后浇混凝土连接处的粗糙面处理

一般而言，预制阳台构件通过叠合现浇层与结构进行有效连接，因此，其预制阳台板上表面需要处理成粗糙面，增强与现浇混凝土的结合能力。预制阳台的粗糙面与预制叠合板的粗糙面存在着相似之处，其进场检查等可参照预制叠合板的相关要求。

图 7.18 预制阳台

图 7.19 预制空调板

对于预制空调板,乃至预制阳台,其与结构接触、钢筋伸出的侧面,宜进行粗糙化处理,以增强与结构的结合能力,提高安全度。

（4）构件的唯一性标识

每个预制阳台、预制空调板等构件应具有独立的标号,在进场时,相关预制件表面应该具有对应编号的唯一性标识,便于后续施工中对预制阳台、预制空调板等构件的确认。

7.3 连接材料进场验收质量要求

7.3.1 灌浆料

灌浆料是以水泥为基本材料,配以适当的细骨料,以及混凝土外加剂和其他材料组成的干混料,其加水搅拌后具有良好的流动性、早强、高强、微膨胀等性能,主要用于填充在钢筋套筒、预留连接孔等和带肋钢筋间隙内,实现钢筋的有效连接。灌浆料的好坏,直接影响到钢筋的连接质量,是保证结构整体受力连续性和结构安全性的最重要的影响因素之一。

目前,灌浆料的供应厂商参差不齐,导致装配式混凝土结构中的灌浆料的质量不能得到很好的保障。因此,在灌浆料进入施工现场时,应严格检查验收,以保障后续施工乃至结构整体的质量安全(图 7.20)。

图 7.20 灌浆料

（1）灌浆料种类

根据目前我国装配式混凝土构件的钢筋连接形式,灌浆料主要分为钢筋灌浆套筒用灌浆料和浆锚搭接用灌浆料,二者在钢筋连接中的受力机理不完全一致,性质要求也不同。因此,首先应根据施工建造的装配式混凝土建筑采用的钢筋连接形式,在灌浆料种类上区分开,不可轻易混用。

《钢筋连接用套筒灌浆料》(JG/T 408)规定,套筒灌浆料应与灌浆套筒匹配使用。因此,对于进入施工现场的钢筋套筒灌浆料,首先应根据现场采用的钢筋套筒类别、品牌等,确认套筒灌浆料的种类是否匹配于该钢筋套筒。

使用温度对于灌浆料存在着较大影响,常规灌浆料在低于5 ℃时不宜使用。因此,在灌浆料进场时,应根据其将使用的环境温度,区分常温和低温灌浆料,检查其是否满足将要使用的环境要求。

（2）灌浆料使用日期

灌浆料内部存在着活性反应物质,对于储存环境、储存时间都有一定的要求,不满足要求的,容易导致灌浆料性能无法达到相关要求。灌浆料进场时,应严格核对灌浆料的有效使用日期,对于已经过期或者即将过期,不能保证使用时灌浆料仍处于使用有效期内的灌浆料,应坚决给予退场处理。

（3）资料性检查

进入施工现场的灌浆料,其相关资料性文件包括产品合格证、使用说明书、产品质量检测报告。其中,产品质量检测报告可为产品出厂检验报告,应包括产品名称与型号,检验依据标准,生产日期,初始流动度、30 min 流动度,1 d、3 d、28 d 抗压强度,3 h 竖向膨胀率、竖向膨胀率 24 h 与 3 h 的差值,泌水率等内容。

（4）进场复检

灌浆料进场时,应对其进行复检,复检合格后,方可批准用于后续施工。复检内容包括净含量和材料性能。净含量复检主要针对包装内重量进行,符合下列要求时,可认为合格:①每袋净质量应为25 kg、50 kg,且不得少于标识质量的99%;②随机抽取40袋25 kg或20袋50 kg包装的产品,总净含量不得少于1 000 kg;③其他包装形式可由供需双方协商确定,但净含量应符合本条1、2款的要求。

灌浆料进场时,材料性能验收可抽取实物试样,以其检验结果为依据;也可以产品同批号的检验报告为依据。采用何种方法验收由买卖双方商定,并在合同或协议中注明。以抽取实物试样的检验结果为验收依据时,采购方和供货方双方应在发货前或进场时共同取样和封存。取样方法按《水泥取样方法》(GB 12573)进行,样品均分为两等份。一份由供货方保存40 d,一份由采购方按《钢筋连接用套筒灌浆料》(JG/T 408)或《预制预应力混凝土装配整体式结构技术规程》(DGJ32/TJ 199)相关性能要求进行检验,内容包括:流动度、抗压强度、竖向膨胀率、氯离子含量和泌水率等,性能要求见表7.4和表7.5。在40 d 内,采购方检验认为质量不符合要求,而供货方有异议时,双方应将供货方保存的另一份试样送双方认可的有资质的第三方检测机构进行检验。

表 7.4　钢筋灌浆套筒用灌浆料性能要求

项目		性能指标
泌水率/%		0
流动度/mm	初始值	≥300
	30 min 保留值	≥260
竖向膨胀率/%	3 h	≥0.02
	24 h 与 3 h 的膨胀率之差	0.02～0.5
抗压强度/MPa	1 d	≥35
	3 d	≥60
	28 d	≥85
最大氯离子含量/%		≤0.03

表 7.5　浆锚搭接用灌浆料性能要求

项目		性能指标
泌水率/%		0
流动度/mm	初始值	≥200
	30 min 保留值	≥150
竖向膨胀率/%	3 h	≥0.02
	24 h 与 3 h 的膨胀率之差	0.02～0.5
抗压强度/MPa	1 d	≥35
	3 d	≥55
	28 d	≥80
最大氯离子含量/%		≤0.03

以同批号产品的检验报告为验收依据时,在发货前或进场时采购方和供货方双方在同批号产品中抽取试样,双方共同签封后保存 2 个月,在 2 个月内,采购方对产品质量有疑问时,则双方应将签封的试样送双方认可的有资质的第三方检测机构进行检验。

7.3.2　座浆料

座浆料,是一种以水泥为胶结材料、配以复合外加剂和高强骨料的干混料,加水拌和后的拌合物呈塑性状态,可手攥成团,堆砌成形。不同于一般砂浆料,座浆料具有强度高、早强、干缩小、和易性好(可塑性好、封堵后无塌落)、粘结性能好、方便使用等特点(图 7.21)。在装配式混凝土结构中,座浆料常用于预制柱、预制剪力墙等竖向构件底部拼缝位置,是承受和传递竖向构件内力的重要组成部分,不可轻视。座浆料强度应大于预制承重构件一个等级,且不小于 C30,座浆料铺设时其厚度不宜大于 20 mm。

（1）座浆料种类

座浆料根据使用温度不同,亦分为常温型座浆料和低温型座浆料。冬季施工时,应特别注意进场的座浆料是否为低温型,以免给后续施工和结构质量带来隐患。

（2）座浆料使用日期

座浆料进场时,应确认浆料的有效使用日期,保证后续施工时,座浆料仍处于有效期之内。

（3）资料性检查

进入施工现场的座浆料,其相关资料性文件包括产品合格证、使用说明书、产品质量检测报告。其中,产品质量检测报告可为产品出厂检验报告,应包括产品名称与型号、检验依据标准、生产日期、抗压强度、竖向膨胀率、扩展度等内容。

图 7.21　座浆料

（4）进场复检

座浆料进场时,应对其进行复检,复检合格后,方可批准用于后续施工。座浆料复验主要针对其材料性能进行。与灌浆料类似,座浆料材料性能可抽取实物试样,以其检验结果为依据;也可以产品同批号的检验报告为依据。座浆料的相关性能要求见表 7.6。

表 7.6　座浆料相关性能要求

项目		性能指标	
		常温型/低温型	
抗压强度/(N/mm²)	4 h	—/≥20	
	1 d/−1 d	≥25/≥35	
	28 d/(−7+28) d	≥60/≥65	
	56 d	抗压强度不降低	
竖向膨胀率/%	4 h	—	0.02～0.1
	1 d	0.02～0.1	—
扩展度/mm		130～170	

7.3.3　密封胶等

装配式混凝土建筑中,存在着大量的变形缝、非变形缝,变形缝主要有预制混凝土非承重外挂墙板之间的接缝、预制混凝土夹心保温外叶墙板之间的接缝、预制混凝土室外楼板之间的接缝、非承重隔墙板之间的接缝等;非变形缝主要有预制混凝土承重外墙板之间的接缝、预制混凝土室内楼板之间的接缝等。这些接缝处往往需要打上密封胶等密封材料,增加建筑结构的密封性、分隔性,达到防水、保温、隔音、阻燃等目的。密封胶按成分可分为:硅烷改性聚醚密封胶、硅酮密封胶、聚氨酯密封胶、聚硫密封胶等;按照组分可分为:单组分和多组分,如图 7.22 所示。密封胶的性能关系到装配式建筑的使用功能和质量,在工程建设期间,材料进场时即给予足够重视。

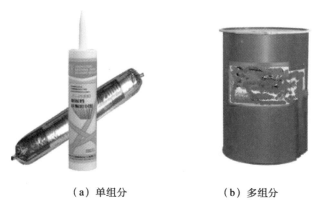

（a）单组分　　　　　（b）多组分

图 7.22　密封胶示意

（1）外包装检查

密封胶产品采用支装或桶装,包装容器应密闭。包装箱或包装桶上,还应有防雨、防潮、防日晒、防撞击标志,并应附有产品合格证。产品最小包装上应有牢固的不褪色标志,内容包括:产品名称、产品标记、生产日期、批号及保质期、净含量、生产商名称和地址、商标、使用说明及注意事项。特别注意产品的生产日期和保质期,应确认现场正式施工时,密封胶仍处于有效期内。

（2）进场抽样复检

密封胶进场时,即可着手抽检工作。一般以同一类型、同一级别的产品每 5 t 为一批进行检验,不足 5 t 也作为一批。单组分产品由该批产品中随机抽取 3 件包装箱,从每件包装箱中随机抽取 4 支样品,共取 12 支。多组分产品按配比随机抽样,共抽取 6 kg,取样后应立即密封包装。

抽检项目包括外观和物理力学性能检查。外观关系密封胶的使用性,也相对表征着密封胶内在质量的变化。外观检查时,从包装中挤出试样,刮平后目测。密封胶应为细腻、均匀膏状物或黏稠液体,不应有气泡、结皮或凝胶;密封胶的颜色与供需双方商定的样品相比,不得有明显差异,多组分密封胶各组分的颜色应有明显差异,以便于区分。

物理力学性能检查应包括流动性、表干时间、挤出性、适用期、弹性恢复率、拉伸模量、定伸粘结性、浸水后定伸粘结性等,同时对密封胶密度、污染性、耐久性和阻燃性等可根据相关要求进行检查。相关的物理力学性能要求见表 7.7。

（3）资料性检查

进入施工现场的密封胶,其相关资料性文件包括产品合格证、使用说明书、质量检验报告等。质量检验报告内容应包含外观、物理力学性能检验。

表 7.7　密封胶物理力学性能表

序号	项目		50 LM、35 LM、25 LM、20 LM	50 HM、35 HM、25 HM、20 HM
1	密度/(g/cm³)		规定值±0.1	
2	流动性	下垂度(N 型)mm	≤3	
		流平性(L 型)	光滑平整	
3	表干时间①/h		≤3	
4	挤出性②/(mL/min)		≥80	
5	适用期③/min		供需双方商定	
6	弹性恢复率/%		≥80	
7	拉伸模量/MPa	23 ℃	≤0.4 和≤0.6	>0.4 或>0.6
		−20 ℃		
8	定伸粘结性		无破坏	
9	浸水后定伸粘结性		无破坏	
10	冷拉-热压后粘结性		无破坏	
11	质量损失率/%		≤3	
12	污染性/mm	污染宽度	≤1.0	
		污染深度	≤1.0	
13	耐久性		无破坏	
14	阻燃性④		FV-0 级	

注:①允许采用供需双方商定的其他指标值。②仅适用于单组分产品。③仅适用于多组分产品。④仅适用于有阻燃要求的密封胶。

　　本章按照结构构件、非结构构件、连接材料的分类,重点介绍了预制柱、预制梁、预制叠合板、预制剪力墙、外挂墙板、内隔墙、预制楼梯、预制阳台、空调板、灌浆料、座浆料及密封胶等进场验收的相关技术要求,便于读者掌握,并按照需求进行相关查阅。

8 预制构件吊装

预制构件吊装是装配式混凝土建筑结构建造的主要环节之一,其主要任务即为确保进入场地的预制构件完好、准确地到达设计位置,并确保预制构件与稳固结构形成有效永久连接之前安全、稳定地保持其安装状态。本章首先介绍预制构件吊装的一般流程,重点阐述代表性预制构件的吊装过程和技术要求。

8.1　一般流程

总体而言,预制构件的吊装过程分为确认吊装条件、正式吊运、调整与临时固定三个环节。每个环节又分为若干内容和步骤。

8.1.1　确认吊装条件

预制构件正式吊运前的准备工作是保障预制构件顺利完成安装乃至整个建筑结构建造质量的重要环节,应尤其重视。一般而言,正式吊运前,需要确认预制构件状态、工具、设备状态、现场条件和人员状态四个方面。

（1）预制构件状态

预制构件吊装前,应检查预制构件的类型与编号,确认即将吊装的预制构件对应施工技术方案和施工任务安排;检查预制构件的完整性,确保预制构件在施工现场未受到影响吊装安全和结构质量的损伤;特别注意伸出钢筋等部位,若发生较大变形,应在正式吊运前进行修整。对于设有灌浆套筒或其他预留连接孔的构件,还应认真检查相应的灌浆套筒或者连接孔内干净、无杂物,如有影响灌浆、出浆的异物须清理干净。

预制构件吊点在构件进场时应严格检查,合乎相关规范标准和设计文件要求后,方可允许进场使用。吊装前,应再次检查预制构件吊点是否完好、未受损伤;检查内置螺母吊点是否堵塞或被污染,若发生影响吊具连接的堵塞或污染等问题,应及时进行清理。

（2）工具、设备状态

预制构件吊装的主要设备是起重机械设备,起重机械设备在项目整体施工方案制定时,应综合考虑现场的场地条件、建筑物的总高度,层数、面积、楼间距等因素,综合成本核算、施工进度情况、施工吊装情况等,合理选择起重设备。一般而言,多高层建筑结构多采用塔吊,低层厂房结构等多选用汽车吊。吊装前,应复核起重机械吊装参数及相关说明

（吊装名称、数量、单件质量、安装高度等参数），并检查起重机械性能，确保起重机械处于良好的工作状态，以免吊装过程中出现无法吊装或机械损坏停止吊装等现象，杜绝重大安全隐患。

吊具直接起吊预制构件，其状态是保证吊装过程安全的关键因素之一。吊装前，应按国家现行有关标准的规定和设计方案的要求对吊具、索具进行验收；焊接类吊具应进行验算并经验收合格后方可使用。内埋式螺母、吊杆、吊钩，吊装用的钢丝绳、吊装带、卸扣、吊钩等吊具材料直接承受预制件在吊装过程中的荷载，应严格检查，保证质量。吊装用内埋式螺母、吊杆、吊钩应有制造厂的合格证明书，表面应光滑，不应有裂纹、刻痕、剥裂、锐角等现象存在；吊装用的钢丝绳、吊装带、卸扣、吊钩等吊具经检查应合格，并应在其额定范围内使用并按相关规定定期检查。当吊钩出现变形或者钢丝绳出现毛刺应及时更换。吊具应有明显的标识：编号、限重等。每个工作日都要尽可能对吊具任何可见部位进行观察，以便发现损坏与变形的情况。特别应留心钢丝绳在机械上的固定部位，发现有任何明显变化时，应予报告并由主管人员按照相关规范进行检验。

以下对我国装配式混凝土工程中的常用吊具注意事项进行介绍。

① 钢丝绳

钢丝绳的各项指标应符合现行国家标准规范的要求，并附有检测报告；根据预制构件重量、吊点数量和位置、冲击系数等实际情况，对钢丝绳的种类、直径、抗拉强度进行验算，必须满足规范要求；钢丝绳的连接方式应规范、可靠；使用过程中应加强对钢丝绳的检查，检查项目和要求应符合现行国家标准《起重机 钢丝绳 保养、维护、安装、检验和报废》（GB 5972）的有关规定（图 8.1）。

图 8.1　钢丝绳

图 8.2　倒链

② 倒链

所使用倒链必须附有产品合格证和产品使用维护说明书，应明确标识限载，严禁超负荷起吊；倒链的支撑点必须牢固；严禁将下吊钩回扣到起重链条上起重预制构件；对倒链的日常检查和保养应按时、规范（图 8.2）。

③ 卸扣

无标志和检验证书的卸扣，严禁投入使用；卸扣使用前，必须检查产品外观是否有裂纹以及产品的额定荷载，严禁超载使用；与卸扣销轴连接接触的预制构件吊环，其直径应不小于销轴直径；加强对卸扣的检查，不满足要求时应立即报废处理(图 8.3)。

图 8.3　卸扣

图 8.4　吊环

④ 吊环

预制构件重量必须满足吊环的额定起吊荷载；吊环螺栓必须是锻造而不是焊接件；使用时吊环螺栓应完全拧到位，只能垂直起吊，螺栓不应经受侧向拖拉；重点注意对吊环螺纹的检查，发现损伤、变形的情况，应及时进行更换(图 8.4)。

⑤ 分配梁、分配架

对于大型水平预制构件，往往需要用到分配梁或者分配架进行吊装。吊装分配梁、分配架必须明确吊装限载，并进行验算；对吊装分配梁、分配架的原材料、焊缝、吊环、耳板等进行检查和验收，确保满足要求；使用时，应注意吊点与预制构件重心必须在同一铅垂线上(图 8.5)。

（a）分配梁

（b）分配架

图 8.5　分配梁、分配架

（3）现场条件

施工现场的条件是影响预制构件安装质量的重要因素，甚至影响到装配式建筑结构的成型质量，应给予足够的重视。为保证预制构件良好的安装质量，吊装前，应从以下几个方面检查和确认现场的吊装条件。

① 构件落位点

预制构件吊装的最终目的地即为设计指定位置,也即预制构件的最终落位点。落位点的状态关系到后续施工的安全性、构件安装的准确性等,非常重要。安装施工前,应进行测量放线,定出安装位置及控制线或控制点,控制线或控制点应清晰、明显。针对预制构件的支承面,应该严格抄平,保证预制构件落位后的标高和空间位置状态。预制构件落位点在吊装前,应进行施工面清理,保持落位点整洁、无杂物。

竖向预制构件落位点一般位于硬化的混凝土楼面上,应确保在混凝土强度达到规定值后,再允许竖向预制构件的吊装。竖向预制构件的支承面一般可由经过精调的垫片、螺母构成,保证支承点标高在误差允许范围内。水平预制构件一般位于临时支撑架上,因此水平支撑架的质量要求应进行严格检查和验收。每个预制水平构件的临时支撑不宜少于2道。另外,支撑点标高应精确调整,支撑顶部标高应符合设计规定,并应考虑支撑系统自身在施工荷载作用下的变形。在预制梁与预制楼板形成整体刚度前,支撑系统应能够承受预制楼板的重力荷载,以避免由于荷载不平衡而造成预制梁发生扭转、侧翻。多层楼板系统未形成整体刚度前,整个结构的整体性较差,支撑系统应能确保避免意外荷载造成的建筑结构连续倒塌。采用木工字梁调平时,应使梁顶面略高于支座面,以保证楼板安装后,其荷载能顺利使工字梁支撑受力,避免支撑不受力,仅支座受力的不合理情况。预制叠合类构件的支撑宜选用定型独立钢支柱或者盘扣式支撑架,如图8.6所示。

(a) 独立支撑　　　　　　　　　　(b) 盘扣式支撑架

图 8.6　预制叠合类构件下支撑

② 构件连接点质量

目前,我国装配式混凝土建筑结构中,预制构件主要通过钢筋相互锚固并现浇混凝土来实现连接,预留钢筋以及预埋连接件质量和状态往往可以影响到预制构件的顺利安装和有效连接。对于竖向预制构件,一般通过灌浆套筒或者预留的连接孔与下部结构预留的钢筋进行连接,预留钢筋在预埋和定位的作业过程中,特别容易受到干扰,产生误差,从而影响后续吊装甚至连接的质量。因此,预制构件吊装前,特别是竖向预制构件,应严格检查与预制构件相关的连接部件尺寸和在结构上的定位偏差。

结构上的预埋连接件,其位置误差不应超过5 mm,标高偏差不应超过±5 mm。当采用结构上的预留钢筋和预制构件上的预留孔通过灌浆连接时,结构上的预留钢筋应保证两方面的精度:(a)钢筋的伸出长度应不小于锚固最小长度加预制构件与结构的拼缝宽度,且不大于预制构件的预留孔最大深度加预制构件与结构的拼缝宽度。(b)预留钢筋位置偏差不超过±5 mm。预留钢筋极易发生偏差,如图 8.7 所示,一旦预留钢筋发生偏位,应针对偏位钢筋用钢筋套管进行校正,若发生锚固长度不足,应及时采取有效措施进行整改,不可盲目吊装(图 8.7)。

(a) 位置偏差　　　　　　　　(b) 锚固长度不足

图 8.7　预留钢筋偏差情形(避免)

③ 临时支撑连接点等

预制构件落位以后,往往还不能形成稳定结构,处于非稳定状态,需要进行临时固定。特别是竖向预制构件,如预制柱、预制墙等,其临时固定措施一般是在其侧面安装上侧向斜支撑。侧向斜支撑一端连接于与竖向预制构件,另一端则连接于楼面预埋连接件上。临时支撑的预埋连接件应在预制构件正式吊装前预埋到位,并保证一定的强度和刚度,达到有效支撑预制构件的目的。吊装前,应按照相关技术文件,确认现场临时支撑连接点准确无误地安装到位,规格符合技术文件要求。

目前,常见的临时支撑连接件主要有以下两种:钢筋环式连接件和螺杆式连接件,如图8.8 所示。钢筋环式连接件可直接通过预埋钢筋形成一次性的连接件,也可在钢筋下焊接固定板,通过螺栓连接固定板于楼面上,为保证临时支撑的稳固性,钢筋环式连接件的规格不应小于 18 mm。螺杆式连接件相对而言刚度更大,其螺杆直径不应小于 16 mm(图 8.8)。

(a) 钢筋环式　　　　　　　　(b) 螺杆式

图 8.8　临时支撑连接件

（4）人员状态

构件安装是装配式结构施工的重要施工工艺,将影响到整个建筑质量安全。因此,施工现场的安装应由专业的产业化工人操作,包含起重司机、吊装工、信号工等职业工人。装配式混凝土结构施工前,施工单位应对管理人员及安装人员进行专项培训和相关交底。施工现场必须选派具有丰富吊装经验的信号指挥人员、挂钩人员,作业人员施工前必须检查身体,对患有不宜高空作业疾病的人员不得安排高空作业。特种作业人员必须经过专门的安全培训,经考核合格,持特种作业操作资格证书上岗。特种作业人员应按规定进行体检和复审。

吊装前,应确认所有涉及的操作人员符合资质,并且受到了足够的培训和技术交底,对即将进行的吊装工作,做好了足够的准备。在正式作业前,还应确认所有涉及高空作业的人员穿戴好安全防护,包括安全帽、安全带等。

8.1.2　正式吊运

当所有吊装条件都确认无误后,正式吊运的过程是较为快速的。正式吊运时,每个吊装班组应至少安排两个信号工跟吊车司机沟通。起吊时以下方信号工的发令为准;安装时以上方信号工的发令为准。

正式吊运分为三个过程:试吊、起吊、落位。首先,每班作业时宜先试吊一次,开始起吊时,将构件吊离地面 200～300 mm 后停止起吊,并检查构件主要受力部位的作用情况、起重设备的稳定性、制动系统的可靠性、构件的平衡性和绑扎牢固性等,等待确认无误后方可继续起吊。起吊应采取慢起、快升、缓放的操作方式。起重设备缓缓持力,将预制构件吊离存放点,然后快速运至预制构件安装位置,最后将预制构件缓缓吊运至安装部位的正上方。正式落位时,预制构件在距就位面 1 m 处进一步减缓下落速度,由操作人员通过牵引绳或直接操作,根据安装位置,进行预制构件空中姿态的调整,适应安装姿态的要求。操作人员应同时控制预制构件的平衡和稳定,不得偏斜、摇摆和扭转引导预制构件降落。预制构件接近就位面时,操作人员进一步调整预制构件的控制位置,保证预制构件顺利无误地落于安装位置上(图 8.9)。

　　　（a）吊运柱　　　　　　　　　　　　　（b）牵引绳调整

图 8.9　正式吊运

对于预制柱、预制剪力墙、预制阳台栏板等竖向构件,在运输和堆放时是采用平躺叠

放,在吊运前需进行预制构件的翻身,由平躺姿
态调整为站立姿态,便于预制构件的吊运、就
位。首先,将起重机械钩头套入预制柱、预制剪
力墙、预制阳台栏板顶端的吊点,由地面指挥工
检查钩头牢固情况。在预制构件根部设置轮
胎、橡胶等柔性材料,保护预制构件根部在翻转
过程中不被破坏。通过起重机械将预制构件缓
慢提升,将预制构件由平躺姿态调整为站立姿
态(图 8.10)。

图 8.10　预制柱姿态调整

8.1.3　调整与临时固定

　　预制构件落位后或者接近落位时,其空间位态往往还不能达到误差允许范围内,需要进
一步调整。对于水平预制构件,往往根据已定型的竖向构件上的水平控制线及竖向定位线,
校核水平预制构件水平位置及竖向标高情况,通过调节竖向独立支撑,确保预制构件都满足
设计标高要求;通过撬棍(撬棍配合垫木使用,避免损坏水平预制构件边角)调节预制构件水
平位移,确保满足设计图纸水平分布要求。对于竖向预制构件,尽量在构件落位时边安装边校
正。落位后,根据已定型构件上弹好的控制线,检查竖向构件的水平位置,若有偏差,使用撬棍
等工具对水平位置进行微调,确保误差在规范允许的范围内。竖向构件的垂直度通过 2 m 靠
尺、吊线锤或者设置专职放线员使用经纬仪进行校正,并跟踪核查。一般斜支撑设有可调螺纹
装置,通过旋转杆件,可对预制构件顶部形成推拉作用,从而调节竖向预制的垂直度,确保误差
在规范允许的范围内。当水平位置、标高、垂直度等指标符合要求后,再正式固定临时支撑。

（a）调整水平位置

（b）调整垂直度

（c）临时固定

图 8.11　预制构件调整及固定

8.2　构件吊装工艺

8.2.1　预制柱

　　（1）预制柱吊装流程

　　预制柱吊装流程为:施工前准备→定位抄平→预制柱初步就位→校正→可调斜支撑

固定→卸扣。

预制柱由于体型、截面等尺寸较大,混凝土强度高,相对而言,预制柱构件较为结实。按照 8.1 节中的一般流程,可基本完成预制柱的安装。

（2）预制柱落位点

预制柱的安装质量与落位点的精确控制存在着较大关系。一般而言,在预制柱吊装之前,通过水平仪测量,事先调节柱子底部的铁垫块或螺母,按同一基数值调好,允许偏差值为 0~2 mm,如图 8.12 所示。为进一步提高落位点标高调节的方便性和准确性,还可以预埋螺栓孔,通过拧螺栓调节柱底标高,预制柱直接坐落于螺栓上,如图 8.13 所示。

(a) 放置螺母   (b) 放置垫片

图 8.12 垫块式标高调节

 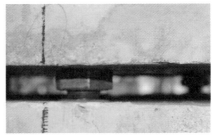

(a) 预埋螺栓   (b) 预制柱坐落于螺栓

图 8.13 螺栓式标高调节

（3）位置调节及固定

预制柱落位后,应根据地面主控线(轴线)进行柱子水平位置调整,保证柱子中心与轴线重合,尽可能确保中心偏差在 ±3 mm。常规使用撬棍等工具进行预制柱水平位置的微动,可能导致预制柱边角位置的损伤。因此,应尽可能使用专用的水平调节器进行操作,如图 8.14 所示。

预制柱落位后,应及时设置斜支撑。斜支撑初步固定后,可利用铅垂线、经纬仪、激光垂直仪等措施,校核预制柱的垂直度,并通过调节斜支撑调整 PC 柱垂直度,固定斜支撑,最后才能摘钩。预制柱在安装斜支撑固定之前,塔吊不得有任何动作及移动。斜支撑应不少于 2 根,并应安装于预制柱的两个侧面,且斜支撑与楼面的水平夹角不应小于 60°(图 8.15)。

（a）专用工具　　　　　　　　（b）实际操作

图 8.14　预制柱水平位置调节

图 8.15　预制柱斜支撑支设

8.2.2　预制梁

（1）预制梁吊装流程

预制梁吊装流程为：施工前准备→支撑架体搭设、调节→预制梁起吊→预制梁安装→位置精调→卸扣、完成安装。

总体而言，预制梁安装应遵循先主梁后次梁、先低后高的原则。由于预制梁往往坐落于支架上，且存在伸出钢筋等影响，预制梁的吊装容易出现问题，因此，应重视施工前准备工作，提高预制梁安装的质量。

（2）施工前复核

预制梁吊装前，应复核柱钢筋与梁钢筋位置、尺寸，对预制梁钢筋与柱钢筋安装有冲突且难以通过现场手段调整的，应按经设计部门确认的技术方案调整。事先如若不做好足够的准备措施，轻则导致现场安装人员利用撬棍调整，安全风险增加，重则可能导致切割钢筋等现象出现，应给予足够的重视（图 8.16）。

（3）梁下支撑

预制梁坐落于支架上，支架的搭设质量直接影响到预制梁的安装精度和支撑有效性。因此，预制梁吊装前，应首先根据图纸确定支架的位置，然后进行组装。按照图纸尺寸调整支架。设计无要求时，长度小于等于 4 m 时应设置不少于 2 道垂直支撑，长度大于 4 m

(a) 现场调整钢筋(避免)　　　　　　　(b) 切割钢筋(避免)

图 8.16　钢筋未复核导致现场钢筋碰撞

时应设置不少于 3 道垂直支撑,梁底支撑标高调整宜高出梁底结构标高 2 mm。一般而言,宜在梁下设置专门的立杆用以支撑预制梁,主次梁交接位置处,宜设置一道立杆。在满足承载和变形要求的情况下,亦可利用盘扣架的连接盘和特制的横梁作为梁下支撑。预制梁落位后,标高可通过下部支撑架的顶丝来调节。在确保现浇混凝土强度达到设计要求,可承受全部设计荷载后,才可拆除支架(图 8.17)。

(a) 梁下设置立杆　　　　　　　　　　(b) 特制横梁支撑

图 8.17　预制梁下支撑

(4) 吊索要求

预制梁一般用两点吊,预制梁两个吊点分别位于梁顶两侧距离两端 $0.2L$(L 为预制梁长度)位置。应根据预制梁的尺寸及重量要求选择适宜的吊具,在吊装过程中,吊索水平夹角不宜小于 $60°$,不得小于 $45°$;预制梁长度过大,导致满足夹角要求的吊索长度过长时,应设置分配梁或分配桁架的吊具,并应保证吊车主钩位置、吊具及构件重心在竖直方向重合。

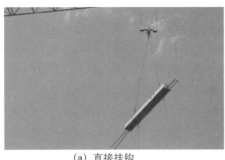

(a) 直接挂钩　　　　　　　　　　　(b) 采用分配梁

图 8.18　吊索夹角要求

（5）临时固定

预制梁规格较小时，一般无须设置临时斜支撑固定，仅直接坐落于支撑架上。当预制梁规格较大、截面较高，后续施工可能产生干扰，导致预制梁不稳固时，应该设置临时斜支撑，以固定预制梁，提高安装质量。

（a）搭设斜支撑 　　　　　　　　　　　　　　（b）斜支撑沿梁分布

图 8.19　预制斜支撑

8.2.3　预制叠合板

（1）预制梁吊装流程

预制叠合板吊装流程为：施工前准备→预制叠合板起吊→预制叠合板吊运→预制叠合板初就位→预制叠合板安装→卸扣→位置精调

一般而言，预制叠合板厚度在 6～8 cm，厚度较薄，吊装时应确保预制叠合板不发生损伤，出现可见裂缝。预制叠合楼板吊装应按照吊装顺序依次铺开，不宜间隔吊装。在混凝土浇筑前，应校正预制构件的外露钢筋，外伸预留钢筋伸入支座时，预留筋不得弯折；相邻叠合楼板间拼缝及预制楼板与预制墙板位置拼缝应符合设计要求并有防止裂缝的措施。施工集中荷载或受力较大部位应避开拼接位置。

（2）板下支撑

预制叠合板下，应设置顶撑，通过顶撑端部的木楞或其他横梁支撑预制叠合板，无须设置模板。预制叠合构件支撑搭设时，应在跨中及紧贴支座部位均设置由立杆和横撑等组织成的临时支撑。当轴跨 L≤3.6 m 时跨中设置一道支撑，当轴跨 3.6 m<L≤5.4 m

（a）板下大跨度支设 　　　　　　　　　　（b）板下支撑过密、过多木楞（避免）

图 8.20　预制叠合板下支撑搭设

时跨中设置两道支撑,当 $L>5.4$ m 时跨中设置三道支撑。多层建筑中各层支撑应设置在一条直线上,以免板受上层立杆的冲切。

(3) 吊索要求

与预制梁类似,在预制叠合板吊装过程中,吊索水平夹角不宜小于 $60°$,不得小于 $45°$。预制叠合板规格较小时,可采取直接四点挂钩的方式进行起吊;如果预制叠合板跨度和宽度较大时,应采取特制分配架、增加挂钩点进行起吊,避免起吊过程导致预制叠合板开裂(图 8.21)。

(a) 直接挂钩   **(b) 采用分配架**

图 8.21 预制叠合板吊索夹角要求

8.2.4 预制剪力墙

(1) 预制剪力墙吊装流程

预制剪力墙吊装流程为:施工前准备→就位面处理→剪力墙吊运→剪力墙对孔→剪力墙初就位→斜撑固定→位置微调→垂直度校验→剪力墙吊装完成。

目前,预制剪力墙在我国应用较广,但在施工过程中却极易出现各种质量问题,预制剪力墙的吊装应给予足够的重视。一般而言,按照 8.1 节中的一般流程和注意事项,可基本完成预制剪力墙的安装,但各个环节的完成情况必须严格控制和检查,以提高预制剪力墙的吊装质量。

(2) 翻身

若预制剪力墙水平放置或运输,则必须利用吊机将水平状态的预制剪力墙进行翻身。由于预制墙较薄,翻身工况应经过详细验算,考虑预制剪力墙自重及冲击荷载,避免翻身过程中出现裂缝。翻身起吊应柔和缓慢,减少对预制墙体的冲击。预制剪力墙翻身后、起吊前,可在下侧钉制 500 mm 宽的通长多层板,保证预制墙板边缘不被损坏(图 8.22)。

图 8.22 预制剪力墙翻身起吊

(3) 就位面处理

就位面处理分为三个部分,即就位面清理、水平面抄平、座浆或分仓。在预制剪力墙吊装到指定位置前,应完成上述三部分的工作。首先就位面清理干净,不可存在明显的石子、浮料等,并浇水湿润,但不可有明显积水。预制剪力墙就位面未清理干净,如图8.23所示,未清理的渣滓等将严重影响后续剪力墙灌浆的质量,引起工程质量事故。

（a）就位接合面未清理　　　　　　　　（b）渣滓严重

图 8.23　预制剪力墙就位面未清理干净

就位面清理干净后,应根据控制标高用钢垫片或螺栓等措施设置并调节好预制剪力墙的支承点。最后,根据预制剪力墙采用单点灌浆法连接还是连通腔灌浆法连接而采取相应铺浆、座浆措施,座浆标高应高出预制剪力墙板支承点 2 mm,技术要求详见 9.1 节。

（4）就位过程

当预制剪力墙吊运至距楼面 1 m 处时,应减缓下放速度,由操作人员手扶引导降落,防止与防护架体或竖向钢筋碰撞。在就位对孔过程中,操作人员可利用镜子观察连接钢筋是否对准套筒,若仍存在个别钢筋无法对孔的情况,可及时采取相关措施,进行少量调节,直至钢筋与套筒全部对接;若钢筋误差较大,无法通过简单措施调整到位,应停止该墙板的吊装,会同相关方,采取合理技术措施,将钢筋调整到位后,再进行该墙板的吊装。预制剪力墙降落至支承点后停止降落,同时进行调节保证预制墙板下口与预先测放的定位墙线重合(图 8.24)。

（a）镜子观察　　　　　　　　（b）钢筋调整

图 8.24　预制剪力墙就位

（5）临时固定

预制剪力墙落位以后,立刻安装临时可调斜支撑,每件预制墙板安装过程的临时斜支撑应不少于 2 道,支撑点位置距离底板不宜大于板高的 2/3,且不应小于板高的 1/2,斜支撑的角度宜为 45°,不应大于 60°;斜支撑设置时,在垂直预制墙板方向上,应略微外张,提高预制墙板各个方向上的稳固性。斜支撑安装好后,通过调节支撑活动杆件调整墙板的垂直度(图 8.25)。

图 8.25　预制剪力墙斜支撑设置

8.2.5　外挂墙板

（1）外挂墙板吊装流程

外挂墙板吊装流程为:施工前准备→就位面处理→外挂墙板吊运→外挂墙板初就位→斜撑固定→位置微调→垂直度校验→外挂墙板吊装完成。

外挂墙板作为重要的围护构件,其吊装过程与结构构件同样重要。外挂墙板吊装完成后,由于防水、保温等需要,还需进一步采取塞缝、打胶等措施,保证建筑使用功能的需要。根据外挂墙板的连接方式,往往有先装法和后装法之分。如 7.2.1 节所述,线挂式外挂墙板需要通过预留钢筋锚固于后浇层的方式进行连接,因此,在主体结构施工过程中,楼面叠合层浇筑前完成吊装,称为先装法;点挂法采用预埋件实现连接,可在主体结构施工完成后进行吊装施工,称为后装法。

（2）就位过程

先装法吊装外挂墙板过程中,将外墙板的下口对准安装墨线,根据轴线、构件边线,用专用撬棍对墙体轴线进行校正,板与板之间可用撬棍慢慢撬动,用橡皮锤或加垫木敲击微调。在墙体下端用木楔顶紧板底部调整墙体标高,亦可通过预埋螺栓,通过螺栓超平标高,保证外挂墙板标高准确(图 8.26)。

（a）调节螺栓　　　　　　　　　　　（b）螺栓支承点

图 8.26　外挂墙板螺栓调节标高

后装法吊装外挂墙板过程中，由于受到施工楼层的影响，外挂墙板接近安装位置时，需要操作人员在室内采用溜绳牵引外挂墙板，同时塔吊大臂回转使得外挂墙板水平平移，调节两侧倒链使得连接螺栓插入外挂墙板连接孔洞中。外挂墙板就位后，及时设置斜支撑，并将螺栓安装上，先不拧紧。根据已经画好的控制线，调整外挂墙板的水平、垂直及标高，待均调整到误差范围内后将螺栓紧固到设计要求，部分连接部位根据设计要求，进行相关的焊接等工作。

8.2.6　预制楼梯

（1）预制楼梯吊装流程

预制楼梯吊装流程为：施工前准备→就位面处理→预制楼梯起吊→预制楼梯吊运→预制楼梯初就位→预制楼梯安装→位置精调→预制楼梯成品保护。

一般而言，预制楼梯规格化程度高，吊装流程单一，按照 9.1 节中的一般流程，可基本完成预制楼梯的安装。

（2）就位面处理

目前，我国的楼梯构件在结构中往往被当成滑移构件，以减小楼梯对结构抗震性能的影响。因此，预制楼梯往往一端为固定支座，另一端为滑移支座，构造细节存在差异。在预制楼梯吊装前，应熟悉图纸设计要求，明确固定端和滑移端。在固定端，可根据图纸要求及找平高度，铺设相应座浆料，浆料需均匀饱满，亦可采用螺母或垫片等方式进行标高抄平。在滑移端，通过座浆料进行抄平后，在梯梁下端铺设聚四乙烯板等滑移材料，并且搁置在座浆料上方。

在处理就位面的同时，还应检查销栓钢筋是否预埋到位，是否存在影响预制楼梯顺利落位的偏差，一旦不满足预制楼梯安装条件，应及时采取措施进行处理（图 8.27）。

（a）预埋到位　　　　　　　　　　　　（b）未埋设销栓钢筋

图 8.27　预制楼梯连接销栓钢筋

（3）预制楼梯姿态调整

不同于预制梁、预制叠合板等水平构件，预制楼梯在堆放时为水平搁置，安装到位后为斜向状态，因此，在正式吊运前，需要调整好其空中的姿态，便于后续顺利落位。

预制楼梯吊装采用专用吊架,一端吊索下方可设置手动葫芦。预制楼梯吊点与吊具吊钩连接后,吊机缓缓吊起预制楼梯,离地面 20~30 cm 时,操作人员调节手动葫芦使楼梯呈斜置状态,配合使用水平尺调整踏步水平。预制楼梯姿态调整到位后,继续快速吊运其至安装位置(图 8.28)。

(a) 手动调整

(b) 安装就位

图 8.28　预制楼梯姿态调整与安装就位

8.2.7　预制阳台、空调板等

(1)预制阳台、空调板等吊装流程

预制阳台、空调板吊装流程为:施工前准备→预制阳台、空调板等起吊→预制阳台、空调板等吊运→预制阳台、空调板等初就位→预制阳台、空调板等安装→卸扣→位置精调。

预制阳台、空调板等附属构件的吊装可参照预制梁、预制叠合板等相关水平构件的吊装,应注意临时支撑和临边防护的设置。

(2)临时支撑

对于预制阳台、空调板等构件,在吊装前应设置竖向支撑架体。支撑架体宜采用定型独立钢支柱,并形成自稳定的整体架,且宜与相邻结构可靠连接,如图 8.29 所示。

图 8.29　预制阳台支撑架体示意

图 8.30　预制阳台就位处设置安全绳

（3）临边措施

由于阳台、空调板等构件一半位于结构边缘，吊装就位时属于临边位置，因此操作人员的防护需要进一步保障，确保施工安全。预制阳台或空调板就位处，应设置安全绳，操作人员应尽量位于安全绳内侧进行相关操作，如图 8.30 所示。

本章首先详细总结了预制混凝土构件吊装的一般流程及要求，然后介绍了代表性预制构件吊装的具体技术要点和细节，包括预制柱、预制梁、预制叠合板、预制剪力墙、外挂墙板、预制楼梯、预制阳台、空调板等，便于读者掌握预制构件吊装的共性特点和不同构件的具体问题，提高读者对预制构件吊装知识的灵活应用能力。

9 现场连接施工工艺及要求

　　装配式混凝土建筑结构建造质量、安全、效率的关键在于预制构件之间的连接,其中最为突出的即为灌浆连接施工和现场的现浇混凝土施工。本章重点介绍灌浆连接施工和现场浇筑混凝土连接预制构件的相关技术要求,同时重点阐述预制构件现场连接施工的常见问题和对策。

9.1　灌浆连接施工

9.1.1　灌浆套筒连接灌浆

　　套筒灌浆连接的工作原理是:将需要连接的带肋钢筋插入金属套筒内"对接",在套筒内注入高强早强且有微膨胀特性的灌浆料,灌浆料凝固后在套筒筒壁与钢筋之间形成较大压力,在钢筋带肋的粗糙表面产生摩擦力,由此传递钢筋的轴向力。

　　套筒分为全灌浆套筒和半灌浆套筒。全灌浆套筒是接头两端均采用灌浆方式连接钢筋的套筒;半灌浆套筒是一端采用灌浆方式连接,另一端采用螺纹连接的套筒。套筒灌浆连接示意图见图 9.1。

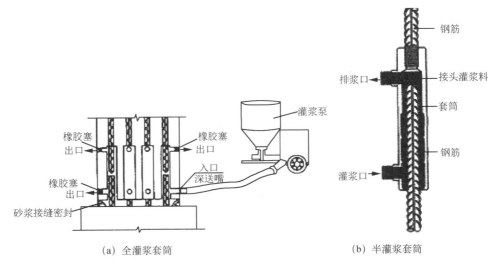

(a) 全灌浆套筒　　　　　　　　　　(b) 半灌浆套筒

图 9.1　灌浆套筒连接示意图

套筒灌浆连接是装配式混凝土建筑竖向构件连接应用最广泛,也被认为是最可靠的连接方式。水平构件如梁的连接偶尔也会用到。套筒灌浆连接可适用于各类装配式混凝土建筑结构。

由于我国装配式混凝土建筑结构形式特点和现阶段现场操作水平所限,我国在实际应用灌浆套筒的过程中,其灌浆的密实度受到人们的诟病。因此,本书着重介绍在实际应用过程中效果较好的"微重力流补浆"技术。

（1）准备工作

在技术准备上,技术人员应明确套筒灌浆技术参数、工艺测试、套筒灌浆可行性分析以及施工效果等,并且应根据设计文件、现行标准规范和批准后的专项施工方案,向现场管理人员和灌浆班组所有人员进行技术交底。灌浆施工前,应确认灌浆套筒接头的相关文件材料齐备,包括有效形式检验报告、接头工艺检验等。

在材料和设备的准备上,应确保使用的灌浆料、座浆料符合项目和相关规定要求,准备专用注浆的设备以及器具,包括电动灌浆泵或手动灌浆枪、搅拌机、电子秤等测量器具等。同时保证灌浆料圆截锥试模、抗压强度试模等符合规定,抗压强度试模应尽量采用钢制试模,以保证试块尺寸的精确度。

在人员准备上,一般每个班组配备两名操作工人,并要求受过专项培训,合格后持证上岗。

在作业条件准备上,应在预制构件进场检查和吊装前检查的基础上,再次确认灌浆套筒以及灌浆管、出浆管内有无杂物,可采用空压机向灌浆套筒的灌浆孔吹气进行检查,并吹出杂物。

（2）座浆或分仓

根据后续采取的灌浆方法的不同,如连通腔灌浆法或单套筒灌浆法,在预制构件吊装前,应对其落位点进行相关的分仓和座浆工序。当采用单套筒灌浆法时,应在预制构件吊装前,首先湿润楼面,并保证无积水,再对预制构件落位面进行座浆处理,必须采用专用座浆料进行座浆,底部座浆层厚度宜为 20 mm,且不大于 30 mm(图 9.2)。

图 9.2 预制剪力墙下座浆

一般而言,预制剪力墙截面较长,采用连通腔灌浆法灌浆时,往往需要对其截面范围进行分仓处理。应采用专用座浆料进行分仓,单仓长度不宜大于 1.5 m,为防止遮挡套筒孔口,距离连接钢筋外缘应不小于 4 cm。(图 9.3)

图 9.3 分仓

（3）封缝

目前,采用较多的仍然为连通腔灌浆,在灌浆前需要对拼缝处进行封缝处理,形成密闭的灌浆空间。封缝时,地面需清扫干净,洒水润湿;采用专用内衬条,内衬条规格尺寸需根据缝的大小合理选择,确保内衬有效;填塞厚度约深 1.5～2 cm,一段封堵完后静置约 2 min 后抽出内衬,抽出前需旋转内衬,确保不沾黏。各面封缝要保证填抹密实,待封缝料干硬强度达手碰不软塌变形再进行后续工序施工。填抹完毕确认干硬强度达到要求后才可进行灌浆。

对于截面较为规整的柱来说,也可采用在柱底接缝外圈设置围护的方式进行封缝,避免出现灌浆压力过高导致"爆仓"现象的出现(图 9.4)。

（a）浆料封缝　　　　　　　　　　（b）外围护封缝

图 9.4 封缝

（4）灌浆料制备

在制备灌浆料时,首先应打开灌浆料包装袋,并检查灌浆料有无受潮结块或其他异常情况。确认无误后,应严格按照灌浆料使用说明书中规定的水灰比例,计算相应灌浆使用量所需的浆料粉和清洁水用量。先将水倒入搅拌桶,然后加入约 70%料,用专用搅拌机搅拌 1~2 min 大致均匀后,再将剩余料全部加入,再搅拌 3~4 min 至彻底均匀。搅拌均匀后,静置约 2~3 min,使浆内气泡自然排出后再使用(图 9.5)。

(a) 搅拌　　　　　　　　　　　　　　　(b) 静置

图 9.5　制备灌浆料

(5) 灌浆料检查

每班组在灌浆施工前,应进行灌浆料初始流动度检验,记录有关参数,流动度合格方可使用。预先用潮湿的布擦拭玻璃板或光滑金属板及截锥圆模内壁,并将截锥圆模放置在玻璃板中心(玻璃板应放置水平),然后将拌好的灌浆料迅速倒满截锥圆模内,浆体与截锥圆模上口平齐。徐徐提起截锥圆模,灌浆料在无扰动的条件下自由流动直至停止。用尺测量底面最大扩散直径及其垂直方向的直径,计算平均值,作为流动度的初始值,测试结果精确到 1 mm。流动度初始值测量完毕后 30 min,重新按上述步骤测取流动度 30 min 保留值,并记录数据。初始流动度应大于 300 mm 方可使用(图 9.6)。

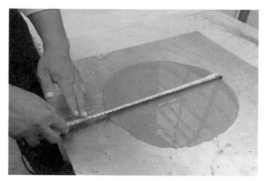

(a) 流动度检测截锥试模　　　　　　　　　　(b) 测量

图 9.6　灌浆料检查

采用 40 mm×40 mm×160 mm 三联试块模制作灌浆料强度试块,应尽量采用钢制试模,保证试件精确度,每三联试块模为一组,每组三块;同一楼层应不少于三组标养试块及一组同条件试块;倒入灌浆料前,应刷涂一层脱模剂,便于取出试件;为防止材料的离散性造成的材料强度检测不合格,现场每层可多留置 3 组强度试块,以备验证使用。

（6）正式灌浆

根据预制柱下或预制墙底分仓的独立灌浆空腔情况，选择距离较远的下部灌浆孔和上部出浆孔，分别作为该独立灌浆空腔的灌浆孔和微重力流补浆孔；若存在高位排气孔，则应选择最高的排气孔作为微重力流补浆孔；对于单套筒灌浆的预制剪力墙或预制柱，每个套筒的出浆孔均作为微重力流补浆孔。在上部微重力流补浆孔上，安装透明补浆观察锥斗。透明补浆观察锥斗可采用弯管、塑料瓶等材料进行制作。除用于灌浆的下部灌浆孔外，其余套筒的下部灌浆孔应采用专用堵头或木塞堵牢（图 9.7）。

图 9.7　安装透明补浆观察锥斗　　　　图 9.8　灌浆料首次循环

每次开始灌浆工作时，灌浆机首次倒入灌浆料前，干净的灌浆机应采用清水循环一遍，充分湿润。倒入静置后的灌浆料后，再次循环一遍，以便灌浆料充分湿润灌浆机（图 9.8）。

用灌浆枪嘴插入下部灌浆孔，进行压力注浆，灌浆应连续，不得中途停顿时间过长，如发生再次灌浆时，应保证已灌入的浆料有足够的流动性后，还需要将已经封堵的出浆孔打开。当套筒的上部出浆孔开始流出浆料后，待其形成完整的出浆股流时，将该出浆孔进行塞堵（图 9.9）。

(a) 压力灌入　　　　　　　　　　　　(b) 塞堵出浆孔

图 9.9　正式灌浆

连续压入灌浆料，待所有套筒的出浆孔均塞堵完成后，继续压浆，使得透明补浆观察锥斗内出现浆料，并使得锥斗内灌浆料液面高于出浆孔上切面 200 mm 的高度，方可停止压浆。随后应保持观察 15～30 min,实时观测灌浆料高度与下沉情况,及时做出相应处理措施,并应符合下列要求:当灌浆料在补浆观察装置中液面稳定且不下降时,则灌浆饱满、灌浆结束;当灌浆料在补浆观察装置中液面下降到出浆孔切面以上前,液面保持稳定且不再下降,则灌浆饱满、灌浆结束;当灌浆料在补浆观察装置中液面下降到出浆孔切面以下,应通过向锥斗内增加灌浆料进行人工二次补浆操作,补浆过程中应保持锥斗内灌浆料液面高于出浆孔上切面 200 mm,通过观察,当灌浆料液面满足前述两款要求时,则灌浆饱满、灌浆结束(图 9.10)。

(a) 观察　　　　　　　　　　　　　　　　(b) 补浆

图 9.10　观察和补浆

9.1.2　浆锚搭接连接灌浆

浆锚搭接的工作原理是:将需连接的钢筋插入预制构件预留孔内,在孔内灌浆固定该钢筋,使之与孔旁的钢筋形成"搭接"。两根搭接的钢筋被螺旋钢筋或者箍筋约束。

浆锚搭接连接按照成孔方式可分为螺旋内模成孔浆锚搭接、金属波纹管浆锚搭接和集中束浆锚连接。螺旋内模成孔浆锚搭接在混凝土中埋设螺旋内模,混凝土达到强度后将内模旋出,形成孔道,并在钢筋搭接范围内设置螺旋筋形成约束;金属波纹管浆锚搭接通过埋设金属波纹管的方式形成插入钢筋的孔道;集中束浆锚连接一般通过金属波纹管成孔,孔道中插入构件的竖向钢筋束,孔道外侧采用螺旋箍筋约束。浆锚搭接示意图见图 9.11。

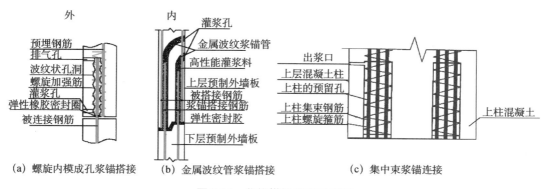

(a) 螺旋内模成孔浆锚搭接　　　(b) 金属波纹管浆锚搭接　　　(c) 集中束浆锚连接

图 9.11　浆锚搭接连接示意图

采用浆锚搭接的预制剪力墙构件在起吊前,应湿润灌浆孔,预制剪力墙吊装完成后,及时进行灌浆作业。浆锚搭接连接多采用上端预留孔直接灌入灌浆料工艺,灌浆料应采用专用浆锚搭接用灌浆料。浆锚搭接灌浆料的制备可参照钢筋套筒灌浆料的制备,预制墙底的座浆或分仓、封缝等工艺详见 9.1 节。采用连通腔灌浆时,一般从低位孔灌入,当浆料从高位孔成股漫出灌浆孔后,及时采用堵塞封住灌浆孔,并停止灌浆。在其后 30 min 内,应检查已完成的灌浆孔,若出现胶料回落的情况,应及时补浆,保证钢筋的锚固长度(图 9.12)。

(a) 灌浆　　　　　　　　　　　　　　　　(b) 封堵

图 9.12　浆锚搭接灌浆

9.2　现浇混凝土施工

9.2.1　现场模板工程

装配式混凝土结构现场施工中,由于采用了大量预制构件,所以现场的模板工程量相对来而言得到了大量减少,降低了在现场模板方面的成本,提高了现场现浇混凝土施工的效率。一般而言,装配式混凝土结构现场施工的模板集中于预制构件连接处。对于部分结构中,整体构件现浇的部位,其模板搭设可参照现浇结构的模板搭设要求。

(a) 预制板下设模板且支撑过密　　　　　　　(b) 预制板下支撑正常搭设

图 9.13　预制叠合板模板及支撑

预制叠合板的采用,可节省大量常规现浇混凝土结构的板底模板,具有显著的提质增效的作用。然而,在目前迅速推广装配式混凝土结构应用的阶段,不少施工单位缺乏经验,采取保守措施,仍然在预制叠合板下部设置完整的模板,造成不必要的浪费,应尽量避免。实际上,预制叠合板的应用,不但可减去板底模板,相对于现浇混凝土板下支撑,预制叠合板下的临时支撑也可以拉大距离,进一步提高现场的施工效率。

预制叠合板之间存在着窄拼缝和宽拼缝两种形式,窄拼缝间距较小,可采用黏贴胶条或打发泡胶等方式,封住窄拼缝,浇筑混凝土时即可起到防止该部位混凝土渗漏的作用。对于宽拼缝,其间距一般都在120 mm以上,该部位需要额外设置模板,常规可在宽拼缝设置木模板,并搭设独立支撑。亦可采用类似吊模的做法,通过上部搭设扁担筋来吊住该部位处的模板(图9.14)。

(a) 下部　　　　　　　　　　　　　　　　　(b) 上部

图9.14　预制叠合板宽拼缝吊模做法

预制剪力墙之间拼缝采用的模板可参照常规现浇混凝土墙的模板,重点在于采用胶条等措施将模板与预制混凝土构件间的缝隙封堵完全,避免混凝土流出污染预制构件。一般而言,预制墙相关的现场模板可采用墙边埋置螺栓的方式固定模板,亦可设置对拉螺栓,对拉螺栓间距一般不宜大于600 mm,上端对拉螺栓距模板上口不宜大于400 mm,下端对拉螺栓距模板下口不宜大于200 mm。对于预制混凝土模板墙(PCF),则往往需要设置背楞及对拉螺杆,避免预制混凝土模板在混凝土浇筑时产生裂缝甚至发生破坏(图9.15)。

(a) 内表面支设模板　　　　　　　　　　　　(b) 外表面背楞

图9.15　预制混凝土模板墙(PCF)相关模板

预制梁、柱连接区模板往往较小,且相对零散,采用木模板搭设时,应注意对拉螺栓的设置,保证预制梁、柱连接区的模板刚度,提高该区域的混凝土成型质量和观感(图9.16)。

(a) 预制梁连接区 　　　　　　　　　　(b) 预制梁节点连接区

图9.16　预制混凝土梁柱连接相关模板搭设

由于装配式混凝土建筑规格化、模数化程度高的特点,预制构件之间的连接区域的模板实际上可做到一定程度统一,这为现场模板的工具化、重复化奠定了基础。因此,装配式混凝土结构现场连接区域的模板应鼓励采用钢模板、铝模板等,使得其成为规格化工具,达到操作方便、施工高效、周转次数高、使用寿命长、回收价值高、施工质量好、节能环保等目的,进一步减少木模板的使用,这是实现模板工程绿色化发展的一个重要方向(图9.17)。

(a) 钢模板 　　　　　　　　　　(b) 铝模板

图9.17　装配式混凝土结构工具化模板

对于装配式混凝土结构现场模板的控制精度无专门规定,可参照现浇混凝土相关模板控制标准,见表9.1。

表9.1　模板安装的允许偏差和检验方法

项目	允许偏差/mm	检验方法
轴线位置	5	钢尺检查
底模上表面标高	±5	水准仪或拉线、钢尺检查

项目		允许偏差/mm	检验方法
截面内部尺寸	柱、梁	+4,−5	钢尺检查
	墙	+2,−3	钢尺检查
层高垂直度	不大于 5 m	6	经纬仪或吊线、钢尺检查
	大于 5 m	8	经纬仪或吊线、钢尺检查
相邻两板表面高低差		2	钢尺检查
表面平整度		5	2 m 靠尺和塞尺检查

9.2.2 现场钢筋工程

装配式混凝土结构由于已安装的预制构件影响,现场的钢筋绑扎相较普通现浇混凝土结构而言难度略大,但钢筋绑扎工作量大大降低。在现场钢筋绑扎前,应先校正预制构件上的预留锚筋、箍筋位置及箍筋弯钩角度。预制剪力墙垂直连接节点暗柱、剪力墙受力钢筋采用搭接绑扎,搭接长度应满足规范要求。预制叠合梁钢筋绑扎时,应在箍筋内穿入上排纵向受力钢筋,主、次梁钢筋交叉处,主梁钢筋在下,次梁钢筋在上。预制叠合板相关钢筋绑扎时,当预制叠合板底分布钢筋不伸入支座时,宜按设计要求在紧邻预制板顶面的后浇混凝土叠合层中设置附加钢筋,在板的后浇混凝土叠合层内锚固长度不应小于 $15d$,在支座内锚固长度不应小于 $15d$(d 为纵向受力钢筋直径)且宜伸过支座中心线(图 9.18)。

 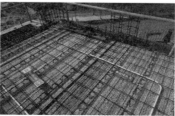 

(a) 预制墙间钢筋绑扎　　　(b) 预制叠合板面钢筋绑扎　　　(c) 预制梁柱连接钢筋绑扎

图 9.18　装配式混凝土结构现场钢筋绑扎

预制构件间的竖向钢筋连接,当采用钢套筒浆锚连接时,因为伸入钢套筒的钢筋两侧预留的间隙在 6~8 mm,因此预制叠合板钢筋绑扎完成后,应对预制剪力墙、预制柱等竖向构件的竖向受力钢筋采用钢筋限位框对预留插筋进行限位,以保证竖向受力钢筋位置准确。浇筑叠合楼板的板面混凝土时,还应采用措施防止整体移位。钢筋限位框应采用刚度和强度较大的钢板、40 mm×40 mm×3 mm 以上规格的钢角钢及钢套管等焊接而成,确保可有效约束相应的竖向钢筋在混凝土浇筑和振捣时产生的扰动,这是保证后续吊装和灌浆工序顺利进行的重要措施,也是保证工程质量的关键之一(图 9.19)。然而,目前施工现场尚有一些不合格的钢筋限位框出现,应避免(图 9.20)。

（a）剪力墙钢筋限位框　　　　　　　　　　　　　（b）柱钢筋限位框

图 9.19　装配式混凝土结构钢筋限位框

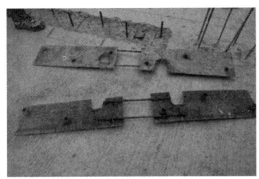 

（a）钢筋连接限位框　　　　　　　　　　　　　　（b）木质限位框

图 9.20　不合格钢筋限位框

　　装配式混凝土结构钢筋绑扎常规部位可参照现浇混凝土结构钢筋绑扎相关要求实施，关键部位的允许偏差见表 9.2。

表 9.2　钢筋绑扎的允许偏差

项　　目		允许偏差/mm
定位钢筋	中心线位置	2
	长度	3，0
安装预埋件	中心线位置	5
	水平偏差	3，0
斜支撑预埋件	位置	±10
桁架钢筋	高度	5，0
连接钢筋	位置	±10
钢筋套筒灌浆接头的预留钢筋	中心位置	+3，0
	外露长度、顶点标高	+10，0

9.2.3 现场混凝土工程

（1）普通混凝土浇筑

总体而言，装配式混凝土结构现场浇筑混凝土施工工序与常规现浇混凝土工序相似，在细部浇筑上，可采取一定的措施，注意浇筑和振捣到位。在混凝土浇筑前，应对模板内及叠合面垃圾进行清理，并应剔除叠合面松动的石子、浮浆；在混凝土浇筑前 24 h 对浇筑部位充分浇水湿润，浇筑前 1 小时吸干积水；同时，对浇筑部位的密封性进行检查验收，对缝隙处作密封处理，避免混凝土浇筑后的水泥浆溢出对预制构件造成污染。预制剪力墙节点处混凝土浇筑时，由于此处节点一般高度高、长度短、钢筋密集，混凝土浇筑时要边浇筑边振捣，此处的混凝土浇筑需重视，否则很容易出现蜂窝、麻面、烂根等质量通病。叠合层混凝土浇筑，由于叠合层厚度较薄，所以可使用平板振捣器振动，尽量使混凝土中的气泡逸出，以保证振捣密实，混凝土控制坍落度在 160～180 mm，叠合板混凝土浇筑应考虑叠合板受力均匀，可按照先内后外的浇筑顺序。叠合板混凝土浇筑后 12 h 内应进行覆盖浇水养护。当日平均气温低于 5 ℃时，宜采用薄膜养护，养护时间不小于 7d。

（2）自密实混凝土

装配式混凝土结构中，由于预制构件连接处往往空间狭小、钢筋密集，采用普通混凝土浇筑时，有时质量较难保证，因此，可采用自密实混凝土进行浇筑。自密实混凝土具有高流动性、抗离析性、均匀性、稳定性，以及浇筑可自动填充密实等特点。

自密实混凝土施工前应根据工程结构类型和特点、工程量、材料供应情况、施工条件和进度计划等确定施工方案，并对施工作业人员进行针对性交底。混凝土上表面模板应有抗自密实混凝土浮力的措施；浇筑形状复杂或封闭模板空间内自密实混凝土时，应在模板上适当部位设置排气口和浇筑观察口。自密实混凝土泵送和浇筑过程应保持其连续性，减少分层，保持混凝土流动性。自密实混凝土浇筑最大水平流动距离应根据施工部位具体要求而定，不宜超过 7 m。布料点应结合自密实性能选择适宜的间距，必要时可通过试验确定混凝土布料点下料间距，自密实混凝土宜避开高温时段浇筑。当水分蒸发速率过快时，应在施工作业面采取挡风、遮阳等措施。

自密实混凝土拌合物除应检验氯离子总含量等普通混凝土检验项目外，还应检验自密实性能指标，应包括坍落扩展度和 T50 扩展时间，实测坍落扩展度应符合设计要求，混凝土拌合物不得发生外沿泌浆和中心骨料堆积现象。

9.3 预制构件现场连接施工常见问题及对策

在江苏，装配式混凝土建筑主要的结构形式为应用到社区中心、学校、医院和人才公寓等的多高层装配整体式混凝土框架结构，以及大量应用到高层住宅的装配整体式剪力墙结构。预制构件在施工现场安装，根据应用对象的不同出现的问题也不同，但问题主要集中在预制竖向构件上,而预制框架柱与预制墙板的施工问题基本类似,因此,以预制墙板构件为例进行阐述。

预制墙板构件分为承重构件和非承重构件,承重预制构件的竖向钢筋连接要求高,一般连接方式为钢套筒灌浆钢筋连接和金属波纹管留孔或抽芯成孔的钢筋浆锚搭接连接。在承重预制墙板的安装中,常见的问题有三类:

第一类为从底部现浇层向装配结构层过渡的起始层(或称转换层)预制墙板构件部位的竖向连接钢筋预埋位置偏位或伸出长度不够(图9.21、图9.22)。出现此类问题的主要原因为施工项目队多为首次施工装配式混凝土剪力墙结构,对起始层如何有效控制竖向连接的位置及长度措施不力。避免出现此类问题的有效措施为:注重首层和首件预制构件的安装培训,并参照日本《预制钢筋混凝土工程》(JASS 10—2013)中的规定做法(图9.23),在底部现浇层墙体模板和钢筋安装时,在模板内侧采用梯子定位钢筋固定伸出楼板的竖向连接钢筋,保证其在模板内的相对位置,防止浇筑混凝土时受混凝土挤压偏位。在楼面浇筑混凝土时,再采用定位套板进行外伸钢筋定位(图9.24)。

图9.21　起始层竖向连接钢筋预埋偏位

图9.22　起始层竖向连接钢筋伸出混凝土楼面长度不足

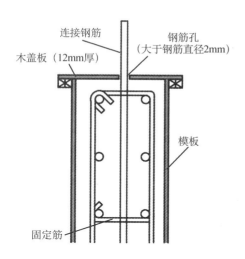

图 9.23 日本规定的现浇模板内钢筋定位

图 9.24 钢筋定位套板应用

　　第二类为竖向钢筋连接钢套筒灌浆的不饱满问题,对该类问题的认识有一个逐步提高的过程。在 2008—2016 年间,国家推广应用装配式混凝土建筑的初期,竖向预制构件的钢筋连接采用钢套筒连接技术得到了专家和工程技术人员的一致认可,因为国内组团到日本、美国和欧洲参观学习预制装配结构所见到的钢筋连接均采用了钢套筒灌浆连接。具体落实应用到中国的高层装配混凝土剪力墙住宅结构上,剪力墙内的钢筋主要规格为直径为 12～16 mm 的小直径钢筋,集中出现了因多片预制墙板被连接的竖向钢筋直径小和数量多导致易偏位,以及钢筋伸入小规格钢套管灌浆量偏小导致不易灌饱满等诸多问题。从最早南京江宁应用装配式混凝土剪力墙高层住宅的工程对套筒灌浆的饱满度检查结果来看,出现此类问题比较多。因为预制墙板多应用在高层剪力墙住宅的分布钢筋区部位,预制墙板两端与现浇边缘构件采用现浇混凝土连接,在对预制墙板构件底部四周进行封仓时,两端底部的封缝若不仔细认真,易造成钢筋连接钢套筒连通腔灌浆时,若出现边缘构件模板底部封缝料胀裂,灌浆料漏出,将直接导致套筒内灌浆不饱满。避免出现此类问题的有效措施为:强化施工现场灌浆作业人员的培训,并推荐采用本书介绍的"微重力流补浆"技术,详见 9.1.1 节。

　　第三类为现场套筒灌浆时所做的灌浆料试块送检测结果为无效或不合格。检测中心出具灌浆料试块评判依据为《钢筋套筒灌浆连接应用技术规程》(JGJ 355),根据规定要求 28 d 的抗压强度大于等于 85 MPa,当一组试块先做抗折再做抗压,检测结果单个值如 97.6、90.6、62.7、70.9、79.5、80.1,该组试块单项评定为"无效";有的检测结果为 83.7 MPa,该组试块单项评定为"不合格"。出现此类问题的主要原因为:

　　① 灌浆料试块的试模采用网上购买的塑料试模,试模制作不标准,并有轻微变形。拆模时采用倒扣敲击取出灌浆试块。

　　② 灌浆料拌制时未严格进行用水量控制。套筒灌浆料的水灰比一般在 0.12～0.14 之间,其用水量对试块强度十分敏感,在一般气温下,水灰比取小值,即 0.12。

③ 试块制作方式不对,试块制作后未达最低要求强度进行搬动,或施工现场养护不标准。

避免出现此类问题的有效措施为:试模应符合《水泥胶砂试模》(JC/T 726)中技术要求的规定,采用标准钢试模。

试块成型前试模的准备工作:

① 试块制作前应确保试模的洁净。

② 成型前应用黄干油或者其他密封材料涂覆模型的外接缝,防止成型过程中浆料的外漏。

③ 试模安装紧固后,隔板与端板的上表面应平齐,试模隔板应紧靠定位螺钉,确保试块尺寸符合检测要求,如不注意,往往使得试块的形状不是规范的棱柱体,在抗压强度试验时导致试块偏心受压,抗压强度将会明显低于实际强度。

④ 试模的内表面应涂上一薄层脱模剂或者机油,以防脱模过程中对试块造成损坏。

灌浆料的搅拌与成型:

① 灌浆料搅拌时应严格控制水灰比,按照生产厂家提供的说明书上的比例加水,不得为了灌浆方便擅自改变配比。水灰比的微小增加将导致灌浆料试块强度的急剧降低。

② 灌浆料的搅拌用水应符合《混凝土用水标准》(JGJ 63),如果无自来水可用只能使用地下水或河水,则应经过检测方可使用。

③ 搅拌时应注意搅拌时间的控制。按每袋灌浆料重量所需的用水量精准称量后倒入拌浆桶,先倒入 2/3 灌浆料进行搅拌 1~2 min,再倒入剩余的 1/3 灌浆料并继续搅拌 3~4 min,并静置 3 min,排除气泡。将浆体灌入试模,至浆体与试模的上边缘齐平,成型过程中不应振动试模,宜在 7 min 左右完成搅拌和成型。

④ 将装有浆体的试模静置 2 h 后去掉留在模子四周的灌浆料移入养护箱。

套筒灌浆料试块的养护和拆模:

① 尽量采取措施防止灌浆料试块早期的失水,水泥基灌浆料强度的主要贡献者是水泥,水泥只有充分水化后才会发挥其最大的作用。

② 养护箱的温度应为 20 ℃±1 ℃,相对湿度应大于 90%,在养护箱中养护的时间可以是一昼夜至两昼夜,然后编号、拆模。如果是同时制作多组灌浆料试块,一定要按同一试模内同组编号,以防无效试块的出现。拆模后应立即放入温度为 20 ℃±1 ℃的水中养护。

③ 拆模很重要,往往有的试块在拆模时受伤后也会导致灌浆料试块不合格,所以拆模时应使用橡皮锤而不是铁榔头,试块应轻拿轻放,不要把边角撞掉导致缺角使试块不符合要求。

本章详细介绍了涉及装配式混凝土建筑结构建造的灌浆连接施工和现场浇筑混凝土施工的相关技术要求,并且针对重要的预制构件现场连接施工常见问题及对策展开论述,便于读者抓住现场连接施工的重点,在展开相关工作时,切实提高装配式混凝土结构的建造质量。

10 质量验收

就目前我国规模化建造的装配式混凝土建筑结构主要为装配整体式混凝土结构,从结构组成上来说,为预制叠合现浇结构。建造施工过程中,穿插着预制构件安装、连接工序和现场现浇混凝土相关的模板工程、钢筋工程和混凝土工程等,因此,装配式混凝土建筑工程的验收具有内容多、关系复杂等特点,相关工作人员应梳理清楚。本章就装配式混凝土建筑结构施工验收的一般规定、预制构件验收和安装、连接施工工序验收的相关要求和要点展开论述。

10.1 一般规定

10.1.1 验收对象划分

目前,在装配式混凝土建筑工程验收的实际操作乃至部分规范、指南中,建议或者规定将装配式混凝土结构作为子分部工程进行验收,在此基础上,将预制混凝土构件、安装、连接等环节作为分项工程进行验收。然而,实际建造的装配式混凝土结构中,存在着大量的现场浇筑混凝土相关的作业,而这部分工序的验收标准往往又按照现浇混凝土的相关验收程序和要求进行,现浇混凝土的验收又作为独立部分。这造成了子分部工程划分的混乱和困难,不利于应对不同的预制-现浇混凝土结构形式的验收工作。

因此,本书按照《建筑工程施工质量验收统一标准》(GB 50300)、《混凝土结构工程施工质量验收规范》(GB 50204)中的相关规定,在主体结构中,将混凝土结构工程整体作为混凝土结构子分部工程,将装配式混凝土结构作为分项工程。具体而言,混凝土结构子分部工程进一步可划分为模板、钢筋、预应力、混凝土、现浇结构和装配式结构等分项工程。装配式混凝土结构分项工程之下,进一步增加预制混凝土构件、安装、连接、钢筋套筒灌浆和钢筋浆锚连接等子分项工程,详见表10.1。各分项(子分项)工程可根据与生产和施工方式相一致且便于控制质量的原则,按进场批次、工作班、楼层、结构缝或施工段划分为若干检验批。

表 10.1　装配式混凝土结构验收层级划分

分部工程	子分部工程	分项工程	子分项工程
主体结构	混凝土结构工程	模板工程	—
		钢筋工程	—
		现浇混凝土	—
		装配式混凝土结构	预制混凝土构件 装配式混凝土结构安装 钢筋套筒灌浆和钢筋浆锚连接 装配式混凝土结构连接
		其他	—

10.1.2　验收组织

检验批应由专业监理工程师或建设单位相关技术负责人组织施工单位项目专业质量检查员、专业工长等进行验收。分项(子分项)工程应由监理工程师或建设单位项目技术负责人组织施工单位项目专业质量(技术)负责人等进行验收。分部工程应由总监理工程师或建设单位项目负责人组织施工单位项目负责人和技术、质量负责人等进行验收;地基与基础、主体结构分部工程的勘察设计单位工程项目负责人以及施工单位技术质量部门负责人也应参加相关分部工程验收。单位工程完工后,施工单位应自行组织有关人员进行检查评定,并向建设单位提交工程验收报告。建设单位收到工程验收报告后,应由建设单位项目负责人组织施工(含分包单位)、设计、监理、勘察等单位进行单位工程验收。根据装配式施工特点及穿插流水施工需要,应与行业监督部门沟通协调,分段验收。

10.1.3　验收要求

对于目前应用的装配整体式混凝土结构,装配式混凝土结构作为分项工程,应在子分项工程验收合格的基础上,进行质量控制资料检查,并应对涉及结构安全、有代表性的部位进行结构实体检验;混凝土结构工程作为子分部工程,其质量验收应在相关分项工程验收合格的基础上,进行质量控制资料检查及观感质量验收,并应对涉及结构安全、有代表性的部位进行结构实体检验。分项(子分项)工程的质量验收应在所含检验批验收合格的基础上,进行质量验收记录检查。

装配式混凝土结构分项工程施工质量验收时,应提供下列文件和记录:①工程设计文件、预制构件深化设计图、设计变更文件;②预制构件、主要材料及配件的质量证明文件、进场验收记录、抽样复验报告;③钢筋接头的试验报告;④预制构件制作隐蔽工程验收记录;⑤预制构件安装施工记录;⑥钢筋套筒灌浆等钢筋连接的施工检验记录;⑦后浇混凝土和外墙防水施工的隐蔽工程验收文件;⑧灌浆料、座浆材料强度检测报告;⑨结构实体检验记录;⑩装配式结构子分项工程质量验收文件;⑪装配式工程的重大质量问题的处理方案和验收记录;⑫其他必要的文件和记录(宜包含 BIM 交付资料)。

　　装配式混凝土结构分项工程施工质量验收合格应符合以下要求：①所含子分项工程质量验收应合格；②应有完整的质量控制资料；③观感质量验收应合格；④结构实体检验结果应符合《混凝土结构工程施工质量验收规范》(GB 50204)的要求。

　　当混凝土结构施工质量不符合要求时，应按下列规定进行处理：①经返工、返修或更换构件、部件的，应重新进行验收；②经有资质的检测机构按国家现行相关标准检测鉴定达到设计要求的，应予以验收；③经有资质的检测机构按国家现行相关标准检测鉴定达不到设计要求，但经原设计单位核算并确认仍可满足结构安全和使用功能的，可予以验收；④经返修或加固处理能够满足结构可靠性要求的，可根据技术处理方案和协商文件进行验收。

10.1.4　首段验收制

　　首段验收指针对同一项目中装配式混凝土结构具有代表性的首个施工段进行验收，可系统检验安装施工工艺及质量是否符合设计要求，并可验证相关施工工艺及技术的可行性，为后续工程大面积重复应用提供样板引路。针对"等同现浇"装配式混凝土结构的设计与施工特点，除应加强对预制构件安装质量的检查验收外，也应重视对后浇混凝土部位钢筋绑扎及模板安装等隐蔽工程施工质量的检查验收。承担装配式混凝土结构工程的建设单位和施工单位应根据装配式混凝土结构的特点和工程具体情况建立相应的质量保证体系，形成并完善首段验收等完善的质量管理制度。

　　建设单位应组织装配式混凝土结构工程参建各方（包括设计单位、预制构件生产单位、施工总承包单位和监理单位）在首个施工段预制构件安装完成和后浇混凝土部位隐蔽工程完成后进行首段验收，首段验收表格可参见表10.2，验收资料应备案、归档，经验收合格后方可进行后续工程施工。

表 10.2　首段验收表格示例

工程名称			分部分项名称		
建设单位			设计单位		
监理单位			施工总承包单位		
构件生产厂家			首段验收部位		
首段构件					
验收项目			检查情况		验收结论
1	预制构件生产厂家水泥、钢筋、预拌混凝土，套筒、灌浆料、外墙构件嵌缝材料等质量证明文件和复试报告；其中自拌混凝土应有配合比报告，水泥、砂、石、混凝土强度报告等质保资料				
2	预制构件进场，其成品合格证、型式检验报告、混凝土强度报告等质量证明文件				

3	预制构件应有标识,应包括工程名称、构件型号、生产日期、生产单位、合格标识		
4	预制构件上的预埋件、预留钢筋、预埋管线等,应符合规范及设计要求		
5	预制构件的外观质量及尺寸应符合规范及设计要求		
验 收 会 签			
预制构件生产单位意见: 项目负责人: 年　月　日	施工总承包单位意见: 项目经理: 年　月　日	监理单位意见: 总监理工程师: 年　月　日	
设计单位意见: 项目负责人: 年　月　日	建设单位意见: 项目负责人: 年　月　日	相关单位意见: 项目负责人: 年　月　日	

10.2 预制构件

预制混凝土构件的验收基本在预制构件进场时完成,只有验收合格的预制混凝土构件,才能被允许进入施工现场并用于后续安装施工。不同预制混凝土构件进场验收的内容和基本要求可参见"7 预制构件及材料进场验收"相关内容。

10.2.1 资料性内容

预制构件进场验收时,应核查、形成并备案的资料包括:①装配式预制构件生产企业质量保证体系资料;②设计文件审查合格证书,深化设计文件应经设计单位认可;③预制构件出厂质量合格证明文件、有效期内的型式检验报告;④现场抽样检测报告。

对于预制构件的型式检验内容,可参照表 10.3 的内容。

表 10.3　型式检验内容参考

序号	参数	单位
1	传热阻	$m^2 \cdot K/W$
2	吊装孔抗拔力	N
3	耐火极限	h

序号	参数	单位
4	隔声测量	dB
5	节点螺栓连接力	N
6	构件材料强度	N/mm²
7	最大承载力	N
8	几何尺寸	mm

注:对于不同构件,至少有下列参数的型式检验报告:
    预制隔墙板:2、3、4、5、6、8
    外挂墙板:1、2、3、4、5、6、8
    预制梁、柱:2、5、6、7、8
    预制楼板:2、3、4、6、7、8
    预制楼梯:2、3、4、7、8

10.2.2 检查内容

对于预制混凝土构件进场时的检查,主控项目主要有:资料性文件,结构性能检验,预埋件等预设部件相关参数,混凝土外观严重缺陷,影响结构性能和安装、使用功能的尺寸偏差,混凝土强度,钢筋直径和位置等,装饰混凝土构件表面预贴饰面砖,石材等饰面相关内容等等。除结构性能检验,主控项目检查均应全数检查,相关检查方式和基本要求详见"7 预制构件及材料进场验收"相关内容。

对于梁板类简支受弯预制构件,进场时应进行结构性能检验,形成结构性能检验报告。其他预制构件,除设计有专门要求外,进场时可不做结构性能检验,但应派驻施工单位或监理单位代表进行驻厂监督生产过程。当无驻厂监督时,预制构件进场时应对其主要受力钢筋数量、规格、间距、保护层厚度及混凝土强度等进行实体检验,并形成实体检验报告,作为结构性能的证明文件。结构性能检验按批进行,同一工艺正常生产的不超过 1 000 件为一批,在每批中随机抽取 1 件有代表性构件进行检验,"同类型"是指同一钢种、同一混凝土强度等级、同一生产工艺和同一结构形式。抽取预制构件时,宜从设计荷载最大、受力最不利或生产数量最多的预制构件中抽取。进行实体质量检验时,抽样数量应符合表 10.4 的要求。

表 10.4 实体检验构件抽取最小数量

构件总数量	最小抽样数量
20 以下	全数
50	30
100	40
250	50
500	55
1 000 及以上	60

　　一般项目主要有:预制构件外观质量一般缺陷,一般尺寸偏差等。预制构件外观质量应全数检查,一般尺寸偏差可在同一检验批内抽查构件数量的10%,且不少于3件。

10.3　安装与连接

10.3.1　预制构件安装

　　预制构件安装的验收主要是两部分内容,安装前准备条件的验收、安装后预制构件外观质量和误差等的验收。

　　安装前,应检查验收相关准备条件的情况,较关键的主控项目包括:

　　(1)叠合构件的叠合层、接头和拼缝,当其现浇混凝土或砂浆强度未达到吊装混凝土强度设计要求时,不得吊装上一层结构构件;当设计无具体要求时,混凝土或砂浆强度不得小于10 MPa或具有足够的支承方可吊装上一层结构构件;已安装完毕的装配式结构应在混凝土或砂浆强度达到设计要求后,方可承受全部设计荷载。

　　检查数量:每层做1组混凝土试件或砂浆试件。

　　检验方法:检查同条件养护的混凝土强度试验报告或砂浆强度试验报告。

　　(2)叠合楼面板铺设时,板底应座浆,且标高一致。叠合构件的表面粗糙度应符合要求,且清洁无杂物。

　　检查数量:抽查10%。

　　检验方法:观察检查。

　　(3)预制构件临时固定措施相关的措施,如水平构件的支撑架、竖向构件临时斜撑的下连接点,应符合设计、专项施工方案要求及国家现行有关标准的规定。

　　检查数量:全数检查。

　　检验方法:观察检查,检查施工方案、施工记录或设计文件。

　　(4)预制构件的外露钢筋长度、水平定位应符合设计要求,特别是采用灌浆套筒连接、钢筋浆锚搭接连接的相关外露钢筋。

　　检查数量:全数检查。

　　检验方法:量测检查。

　　安装后,应检查验收安装完成的状态,主要包括以下内容:

　　(1)预制构件安装尺寸允许偏差及检验方法应符合表10.5的规定。

　　检查数量:同类型构件,抽查5%且不少于3件。

表 10.5　预制构件安装尺寸允许偏差及检验方法

项　目		允许偏差/mm	检验方法
柱、墙等竖向结构构件	标高	±5	经纬仪测量
	中心位移	5	
	倾斜	$L/500$	

续表

项　目		允许偏差/mm	检验方法
梁、楼板等水平构件	中心位移	5	钢尺量测
	标高	±5	
	叠合板搁置长度	>0，≤+15	
外墙挂板	板缝宽度	±5	
	通常缝直线度	5	
	接缝高差	3	

注：L 为构件长度（mm）

（2）预制阳台、楼梯、室外空调机搁板安装允许偏差及检验方法应符合表 10.6 的规定。

检查数量：同类型构件，抽查 5% 且不少于 3 件。

表 10.6　预制阳台、楼梯、室外空调机搁板安装允许偏差及检验方法

项目	允许偏差/mm	检验方法
水平位置偏差	5	钢尺量测
标高偏差	±5	
搁置长度偏差	5	

10.3.2　预制构件连接

对于常规的装配整体式混凝土结构，预制构件连接质量的检查验收重点在于各类构件锚筋以及现场绑扎连接钢筋的设置质量以及各类拼缝的处理质量。

（1）预制构件锚筋与现浇结构钢筋的搭接长度必须符合设计要求。检验方法：观察检查；检查数量：全数检查。重点检查的区域应包括梁柱连接节点部位、预制叠合板周边、预制剪力墙边缘构件部位等关键受力位置。

（2）装配式结构中构件的接头和拼缝应符合设计要求。当设计无具体要求时，应符合下列规定：①对承受内力的接头和拼缝，应采用混凝土或砂浆浇筑，其强度等级应比构件混凝土强度等级提高 1 级；②对不承受内力的接头和拼缝，应采用混凝土或砂浆浇筑，其强度等级不应低于 C15 或 M15；③用于接头和拼缝的混凝土或砂浆，宜采取微膨胀措施和快硬措施，在浇筑过程中应振捣密实，并采取必要的养护措施；④外墙板间拼缝宽度不应小于 15 mm 且不宜大于 20 mm。检验方法：检查施工记录及试件强度试验报告；检查数量：全数检查。

对于预制双板剪力墙，其连接主要靠预制双板间的后浇混凝土实现，预制双板剪力墙内的混凝土成型质量检验可采取如下办法：①每 2 000 m² 建筑且不大于 2 层楼作为一个检验段；②每个检验段随机抽取 3 个叠合剪力墙结构构件，在每个构件底部剥去 1 处面积不少于 200 cm² 单片叠合板式剪力墙，外露内部混凝土表面；③按现行国家标准《混凝土结构工程施工质量验收规范》(GB 50204)的有关规定进行判断，如 3 个钻取点的结构均无蜂窝、孔洞、疏松一般缺陷，则检验合格；如 3 个钻取点存在一般缺陷，则扩大范围再抽取 6 个叠合剪力墙结构构件，钻取 6 个点，如 6 个点均不存在蜂窝、孔洞、疏松严重缺陷，则检验合格；④如 3 个钻取点存在 1 点及以上严重缺陷，或扩大范围后的 6 个钻取点存在 1 点及以上严重缺陷，则检验不合格，应提出处理方案。

10.3.3　钢筋套筒灌浆和钢筋浆锚连接

钢筋套筒灌浆和钢筋浆锚连接是目前我国装配式混凝土结构中预制柱、预制剪力墙等竖向构件纵向受力钢筋的主流连接方式，其连接的质量至关重要，应在多个环节、多个层次上进行检查验收，确保该连接的可靠性。钢筋套筒灌浆和钢筋浆锚连接的检查验收，主要针对灌浆套筒及灌浆料的性能、灌浆的密实度两个方面内容进行。

（1）灌浆套筒及灌浆料性能验收

钢筋灌浆套筒的规格、质量应符合设计要求，套筒与钢筋连接的质量应符合设计要求。套筒应符合《钢筋连接用灌浆套筒》(JG/T 398)的规定。检验方法：检查钢筋套筒的质量证明文件、套筒与钢筋连接的抽样检测报告；检查数量：全数检查。

灌浆料的性能需从两个方面进行验收，一是现场采用的灌浆料自身的质量和性能，二是现场操作人员拌制并灌入相关套筒或者预留孔的灌浆料性能。现场采用的灌浆料自身质量应符合《水泥基灌浆料材料应用技术规范》(GB/T 50448)、《钢筋连接用套筒灌浆料》(JG/T 408)等国家现行有关标准的规定。检查数量：按批检查，以 5 t 为一检验批，不足 5 t 的以同一进场批次为一检验批；检查方法：检查质量证明文件和抽样检验报告。

现场操作人员拌制并灌入相关套筒或者预留孔的灌浆料应从两个方面进行检查：①钢筋套筒灌浆连接及钢筋浆锚搭接连接用的拌浆加水量应精准控制，满足专用袋装灌浆料供应商的水灰比要求。检查数量：抽样检查，首层安装时和正常灌浆每 3 层检查一次；检查方法：检查拌浆加水量容器和控制方法，并用电子秤称量复核，检查灌浆料检验报告。②钢筋套筒灌浆连接及钢筋浆锚搭接连接用的灌浆料拌合物强度应符合国家现行有关标准的规定及设计要求。检查数量：按检验批，以每层为一检验批；每工作班应制作 1 组且每层不应少于 3 组 40 mm×40 mm×160 mm 的长方体试件，标准养护 28 d 后进行抗压强度试验；检查方法：检查灌浆料拌合物强度试验报告及评定记录。

钢筋套筒和灌浆料自身质量性能均满足要求后，灌浆施工前，还应按现行行业标准《钢筋套筒灌浆连接应用技术规程》(JGJ 355)的有关规定，对不同钢筋生产企业的进场钢筋进行接头工艺检验；施工过程中，当更换钢筋生产企业，或同生产企业生产的钢筋外形尺寸与已完成工艺检验的钢筋有较大差异时，应再次进行工艺检验。

（2）灌浆的密实度

灌浆的密实度的检查和验收从灌浆过程监控和灌浆结果抽查两个方面进行。在操作人员灌浆过程中，应设置质检员、监理等旁站人员全程监看，并拍摄施工记录视频。对于操作过程的验收检查,检查数量:全数检查;检查方法:检查灌浆施工方法和施工记录、监理旁站记录及有关检验报告。在检查施工视频记录时,重点检查竖向预制构件的灌浆区域的周边间隙封堵可靠性和是否在套筒远端排浆口设置了高位的溢流排浆兼补浆锥斗。

灌浆完成后,可进行实体局部破损抽样检测其灌浆饱满度。检查数量:抽样检查,装配式剪力墙结构起始前 2 层每个楼层抽检 1 组(3 个)套筒,后续施工每 5 层抽检 1 组(3 个)套筒。装配式框架结构首层抽检 1 组(3 个)套筒,后续 5 层抽检 1 组(3 个)套筒;检查方法:对抽检部位的灌浆套筒进行局部破损检测。局部破损检测如图 10.1 所示,用钢筋位置探测仪探明预制构件内的钢套筒准确位置,电锤剥除钢套筒外侧壁混凝土保护层;用合金钻头对准外侧壁上套筒内钢筋连接需要的锚固长度位置直接钻孔,孔径为 4～6 mm。钻至灌浆料时停止,用肉眼和手电直接检查套筒内灌浆的饱满状况。如有灌孔现象,再向下间隔一定距离钻孔,探明不饱满状态,做出该套筒灌浆饱满度的评价;对于完成灌浆饱满度局部破损检测的套筒,采用袋装强度不小于 60 MPa 的封缝料拌制后分层抹灰填实(图 10.1)。

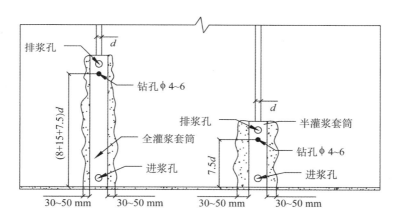

图 10.1 套筒灌浆局部钻孔检测示意图

另外,灌浆密实度检查也可采用内窥镜法或 X 射线法进行检测。

采用内窥镜法检测时,应选用带尺寸测量功能的内窥镜。内窥镜法分为预成孔内窥镜法、出浆孔道钻孔内窥镜法及套筒壁钻孔内窥镜法,应根据出浆孔道的形状进行选用,当出浆孔道为非直线形时,采用套筒壁钻孔内窥镜法;当出浆孔道为直线形时,可采用预成孔内窥镜法或出浆孔道钻孔内窥镜法,必要时也可采用套筒壁钻孔内窥镜法。

采用 X 射线法检测套筒灌浆饱满度时,应采用便携式 X 射线机,被测构件受检区域的结构层厚度不宜大于 200 mm,且同一射线路径上不应有两个或两个以上的套筒。当被测构件的检测条件不满足以上要求时,可采用 X 射线局部破损法。

本章详细介绍了装配式混凝土建筑结构施工验收的一般规定、预制构件验收、安装与连接验收三个方面的相关技术要求和要点,从一般性到特殊性,便于读者整体把握,利于开展相关验收工作。

11 施工安全

施工安全一直是建筑施工行业的基石,而装配式建筑构件预制与安装方面的施工安全具有与传统现浇混凝土建筑施工安全不同的特点,因此,本章具体叙述装配式混凝土建筑构件预制与安装方面的施工安全要求。

11.1 一般安全要求

装配式混凝土建筑的施工建造是涉及建设、设计、施工、监理、构件生产等多方相关单位的综合性行为,各单位应建立和健全安全生产责任体系,明确各职能部门、管理人员安全生产责任,建立相应的安全生产管理制度和项目安全管理网络。作为具体承担组织建造的施工单位,其相关的安全工作更加是重中之重。施工单位应在装配式混凝土建筑工程施工前组织工程技术人员编制施工方案,按照安全生产相关规定制定和落实项目施工安全技术措施。装配式混凝土建筑专项施工方案中必须包含场地准备预案、吊装专项方案、构件临时支撑计算书。

在编制场地准备预案时,应根据施工阶段特点,编制场地准备的总体方案和阶段方案,也可细分至各区域分阶段的场地准备预案。部品部件应设置专用堆场,满足总平面布置要求。堆放区域场地可根据施工实际情况作小范围动态调整,并制定相应组织技术措施。堆场的选址应考虑运输、装卸、堆放、吊装的安全要求,并根据部品部件的类别、重量进行专门的设计。堆放场地要符合安装就近原则,按单层所需构件安装顺序堆放,也可按照构件品种类型分区堆放,且均应在塔吊吊臂和载重许可范围内;吊运堆放场地及道路应硬化平整,设置运输车辆回转场地;构件堆放应留有卸车、堆放、吊装人员的安全操作间距和空间。

编制吊装作业的专项施工方案,宜包含下列内容:①工程概述、编制依据;②预制构件重量和数量统计;③吊具、吊点、吊装机械设备计算书;④主要构件吊装施工工艺;⑤吊装作业安全措施;⑥质量保证措施;⑦季节性施工措施;⑧应急预案。

施工单位应检查确认相关施工作业人员具备的基础知识和技能。起重设备操作人员、吊装司索信号人员和塔吊司索工等特种作业人员均必须经过培训,取得建筑施工特种作业操作资格证书后方可上岗,装配工等应经过岗前专项培训,经从业施工企业考试合格后方可上岗作业。

11.2 吊装作业安全要求

吊装施工前,应核对已施工完成部位的外观质量和尺寸偏差,确认预制构件的混凝土强度及预制构件和配件的型号、规格、数量等符合设计要求,并重点检查竖向连接钢筋的外露长度、垂直度、位置偏差等满足设计和施工要求。防护系统应按照施工方案进行搭设、验收;外挂防护架应分片试组装并全面检查,外挑防护架应与预制构件支撑架可靠连接,并与吊装作业相协调。吊装作业应实施区域封闭管理,并设置警戒线和警戒标识;无法实施隔离封闭时,应采取专项防护措施。安装前,宜选择有代表性的单元进行预制构件试安装,并应根据试安装结果调整完善施工方案和施工工艺。

吊装前,还应按国家现行有关标准的规定和设计方案的要求对吊具、索具进行验收;焊接类吊具应进行验算并经验收合格后方可使用。内埋式螺母、吊杆、吊钩、吊装用的钢丝绳、吊装带、卸扣、吊钩等吊具材料直接承受预制件在吊装过程中的荷载,应严格检查,保证质量。吊装用内埋式螺母、吊杆、吊钩应有制造厂的合格证明书,表面应光滑,不应有裂纹、刻痕、剥裂、锐角等现象存在;吊装用的钢丝绳、吊装带、卸扣、吊钩等吊具经检查应合格,并应在其额定范围内使用和按相关规定定期检查。当吊钩出现变形或者钢丝绳出现毛刺应及时更换。吊具应有明显的标识:编号、限重等。每个工作日都要尽可能对吊具任何可见部位进行观察,以便发现损坏与变形的情况。特别应留心钢丝绳在机械上的固定部位,发现有任何明显变化时,应予报告并由主管人员按照相关规范进行检验。

每班正式起吊作业时,宜先试吊一次,应将构件吊离地面 200~300 mm 后停止起吊,并检查构件主要受力部位的作用情况、起重设备的稳定性、制动系统的可靠性、构件的平衡性和绑扎牢固性等,等待确认无误后方可继续起吊。在构件起吊、移动、就位的过程中,应至少安排两个信号工跟吊车司机沟通,起吊时以下方信号工的发令为准,安装时以上方信号工的发令为准;信号工、司索工、起重机械司机应协调一致,保持通讯畅通,信号不明不得吊运和安装。预制构件在吊装过程中,宜于构件两端绑扎牵引绳,并应由操作人员控制构件的平衡和稳定,不得偏斜、摇摆和扭转。构件应采用垂直吊运,严禁斜拉、斜吊,吊装的构件应及时安装就位,严禁吊装构件长时间悬停在空中。平卧堆放的竖向构件在起吊扶直过程中的受力状态宜经过验算复核;在起吊扶直过程中,应正确使用不同功能的预设吊点,并按设计要求和操作规定进行吊点的转换,避免吊点损坏。采用行走式起重设备吊装时,应确保吊装安全距离,监控支承地基变化情况和吊具的受力情况。吊装作业时,非作业人员严禁进入吊装警戒区,在起吊的预制构件坠落半径范围内严禁人员停留或通过。夜间不宜进行吊装作业,大雨天、雾天、大雪天及六级以上大风天等恶劣天气应停止构件吊装作业。

11.3　高空作业安全要求

11.3.1　基本要求

预制构件安装时，作业人员应使用登高设施攀登作业。高处作业（坠落高度超过2 m）时，应设置操作平台；作业人员应佩戴安全带，并站在预制构件的内侧。预制构件离安装面大于1 m时，宜使用缆绳辅助就位。在预制构件安装过程中，临边、洞口的防护应牢固、可靠，并符合《建筑施工高处作业安全技术规范》（JGJ 80）的相关要求。

11.3.2　外围护系统

在装配式混凝土建筑施工中，外围护系统宜选用工具化、定型化产品，并经验收合格方可使用。外围护系统施工前，应根据工程结构、施工环境等特点编制施工方案，并经总承包单位技术负责人审批、项目总监理工程师审核后实施。外围护系统的相关安全措施应符合《建筑施工工具式脚手架安全技术规范》（JGJ 202）、《建筑施工临时支撑结构技术规范》（JGJ 300）、《建筑施工扣件式钢管脚手架安全技术规范》（JGJ 130）和《建筑施工承插型盘扣式钢管支架安全技术规程》（JGJ 231）等相关规定。目前，采用较多的外围护系统主要包括电动整体升降脚手架、塔吊提升单元式围护、型钢悬挑外脚手架、吊拉悬挑脚手架。

当外围护系统的附墙点需设置在预制构件上时，其安全性涉及三个方面：一是，外围护系统自身的安全性；二是，外防护架与预制构件（建筑结构）连接的安全性；三是，预制构件被附着后，建筑结构的安全性。第一个方面，应该是施工单位考虑的问题。第二个方面的问题，施工单位应该考虑，但是，在预制构件上预留附墙点孔洞时，涉及预制构件附墙点生产质量问题，应要求预制生产单位进行相应附墙点孔洞的预留，预留位置应准确，并保证预留孔的质量。第三个方面，建筑结构的安全应是设计单位重点考虑的问题，当因施工需要而在建筑结构上增加荷载时，进行施工的单位应将增加荷载情况告知设计单位，由设计单位对建筑结构安全性进行复核，并出具相应核算书。

本章从一般安全要求、吊装作业安全要求及高空作业安全要求出发，具体叙述了装配式混凝土建筑构件预制与安装施工安全的相关要求，使读者能正确把握装配式混凝土建筑构件预制与安装施工安全细节，确保安全生产。

12 未来展望

本章结合装配式建筑技术发展趋势及行业前沿方向,对装配式混凝土建筑构件预制与安装相关的技术发展做简单展望。

12.1 装配式建筑结构发展趋势

装配式建筑从结构类型有混凝土结构、钢结构和木结构,拓展一些范围有混凝土结构与木结构组合的装配式建筑、混凝土结构与钢结构组合的装配式建筑。2017 年 2 月 14 日起,江苏省住房和城乡建设厅、省发展改革委、省经信委、省环保厅、省质监局联合发布《关于在新建建筑中加快推广应用预制内外墙板预制楼梯板预制楼板的通知》(苏建科〔2017〕43 号),正式启动新建建筑"三板"(预制内外墙板、预制楼梯板、预制楼板)推广应用以来,江苏各地区推广应用装配式建筑的速度加快,但从各地工程质量监督部门在装配式混凝土建筑工程工地现场实体检查的检测结果也反映了良莠不齐的装配质量问题。总结近几年江苏推广应用装配式建筑的经验,认为在以下几个方面值得努力创新发展。

(1)维持江苏推广应用"三板"(预制内外墙板、预制楼梯板、预制楼板)的政策稳定性,推出以高质量建造装配式建筑的新目标。现有的装配式混凝土建筑,预制梁与预制柱、预制梁与预制板、预制墙板与预制板等预制构件间的连接基本以"湿连接"为主,依靠现场叠合现浇混凝土形成抗震性能良好的装配整体式结构。但是,施工现场预制构件的安装作业与现浇部分的绑扎钢筋和支模作业混合在一起,大幅降低了装配式建筑快捷高效的先进性。

针对江苏目前以推广"三板"为主的装配式建筑现状,应总结前一阶段苏南和苏北各地在推广应用装配式建筑工程中成功的经验以及出现的问题和教训,在提升基于"三板"预制构件应用的工程质量上下功夫,杜绝钢筋灌浆套筒连接的质量问题,研发和试点应用先进的工具式模板和支撑系统,逐步改变预制叠合板下钢管支撑系统与现浇混凝土楼板相同的现状。

(2)加大装配式新结构体系的研发,积极推进融合装配式混凝土结构和钢结构体系优点的装配式组合结构新体系的深度研究与试点工程应用,并探索从多高层装配式框架组合结构试点应用过渡到装配式框架-剪力墙组合结构的试点应用,并形成新的推广应用亮点。

（3）加强对装配式建筑全产业链从业相关工程技术人员到作业操作人员的技能培训，特别是施工现场安装预制构件的作业人员专业化技能培训。

（4）及时梳理江苏各地已建成的预制构件生产基地，分等级管理，优胜劣汰，保证预制构件优质生产供应。

12.2　智能建造

随着人工智能技术的发展和土木工程行业的转型升级，二者的融合业已成为行业共识。人工智能技术深度融合土木工程基础设施规划、设计、建造和养维护的全生命周期，深刻变革土木工程科学、技术与工程的发展。人工智能的深度学习和机器学习算法、计算机视觉、无人机、3D打印、BIM、虚拟现实和增强现实等应用于土木工程，将形成无人化、全自动、智慧化、实景体验的城市和区域规划，以及土木工程设计、建造、养维护和灾害管控的新技术。在建筑工程行业，随着装配式建筑的发展，装配式建筑工厂化生产、装配化施工的特点与人工智能技术存在着天然的结合点，智能建造代表了装配式建筑乃至整个建筑行业的发展方向。

根据中国工程院院士丁烈云教授的说法，所谓智能建造，是新一代信息技术与工程建造融合形成的工程建造创新模式：即利用以"三化"（数字化、网络化和智能化）和"三算"（算据、算力、算法）为特征的新一代信息技术，在实现工程建造要素资源数字化的基础上，通过规范化建模、网络化交互、可视化认知、高性能计算以及智能化决策支持，实现数字链驱动下的工程立项策划、规划设计、施（加）工生产、运维服务一体化集成与高效率协同，不断拓展工程建造价值链、改造产业结构形态，向用户交付以人为本、绿色可持续的智能化工程产品与服务。就目前的发展水平和趋势来看，智能建造主要体现在智能规划和设计、智能施工、智能运维和管理等三个方面。

12.2.1　智能规划和设计

城市规划中的人工智能应用是城市规划学科的时代标志性变革，人工智能将改变传统的城市规划方法，通过深度学习现有城市的环境、灾害、人与交通等行为大数据，结合虚拟现实情境再现技术，实现城市的智能规划。东南大学、同济大学等业已采用机器学习和深度学习，对城市生成和城市空间规律进行了研究，并尝试建立基于人工智能技术的规划设计新范式。

在建筑工程设计领域，智能技术已不仅仅是提供类似BIM等数字化手段辅助设计师进行设计，而是通过各类计算机算法，优化乃至自动生成设计方案。在应用智能建筑设计过程中，建筑设计过程本认为"造物者"在计算机人工智能的虚拟"自然"中，建筑师等不断干预、方案不断迭代优化的变化过程。在结构设计时，诸如人工神经网络、机器学习等各种优化算法在力学分析和结构优化中均可被有效利用。可以预见，通过深度学习和强化学习等人工智能手段,结合现有设计资料大数据,针对需求的边界条件,未来将实现建筑、桥梁等各类土木工程设施的方案智能化设计。

12.2.2　智能施工

就目前发展情况而言,智能施工向两个方向进行发展:基于现有建造方式的智能化提升和基于 3D 打印技术的智能化转变。

（1）智能化提升

基于现有建造方式的智能化提升着重利用现有的传感监控技术、自动化技术等,对目前依赖人员的建造方式向着减人、高效的方向进行提升。我国部分地区已经开始试点实施的智慧工地则是这一类的显著代表。根据中国建筑股份有限公司总工程师毛志兵的说法,智慧工地是人工智能在建筑施工领域应用的具体体现,是建筑业信息化与工业化融合的有效载体,是建立在高度信息化基础上的一种支持对人和物全面感知、施工技术全面智能、工作互通互联、信息协同共享、决策科学分析、风险智慧预控的新型施工手段。它聚焦工程施工现场,紧紧围绕人、机、料、法、环等关键要素,综合运用信息模型(BIM)、物联网、云计算、大数据、移动计算和智能设备等软硬件信息技术,与施工生产过程相融合,对工程质量、安全等生产过程以及商务、技术等管理过程加以改造,提高工地现场的生产效率、管理效率和决策能力等,实现工地的数字化、精细化、智慧化生产和管理。就目前的发展水平而言,实质上即在工地上安装各种包括视频摄像头在内传感器,实时传输和汇总各种信息,便于管理人员及时掌握施工情况,甚至通过若干软件程序或者算法,实现自动化识别,从而更加高效地进行现场管理。

智能化提升另一个重要的方向是实现自动化建造,乃至实现机器人建造。目前,世界各地都在开展针对某一项施工工艺自动化施工机械,如墙砖自动黏贴机、自动拆楼机等,其中尤其以砌砖机器人或机械手居多。这类机器人化的实践以机器完全代替人工为目标,实现施工现场的少人化乃至无人化。自动化建造不仅体现在纯粹体力劳动的自动化上,还体现在施工验收等环节的自动化上。通过机器学习、图像识别等手段,针对大量重复出现的如施工验收等环节,计算机可依据相关验收标准有效识别和判别施工的完成情况,从而实现自动化验收。可以预见,随着自动化技术、机器人技术、机器学习技术等的快速发展,利用机器人或自动化机械在施工现场进行自动化施工建造将会很快实现。

（2）3D 打印技术

建筑 3D 打印技术作为新型数字建造技术,它集成了计算机技术、数控技术、材料成型技术等,采用材料分层叠加的基本原理,由计算机获取三维建筑模型的形状、尺寸及其他相关信息,并对其进行一定的处理,按某一方向将模型分解成具有一定厚度的层片文件(包含二维轮廓信息),然后对层片文件进行检验或修正并生成正确的数控程序,最后由数控系统控制机械装置按照指定路径运动实现建筑物或构筑物的自动建造。建筑 3D 打印数字建造技术实质上是全新的设计建造方法论的革新,使得传统的建造技术被数字化建造技术所取代,从而满足日益增长的非线性、自由曲面等复杂建筑形式的设计建造要求。

建筑 3D 打印技术通过计算机和自动化机械来实现无人化的建造,其建造原理上不同于现有成熟的建造方式,在一定程度上而言,也代表了建筑行业升级的一个重要的发展方向。

12.2.3 智能运维和管理

综合运用云平台、大数据、物联网、BIM 等相关技术,将项目施工和运维过程中的所有要素进行实时、动态采集,并结合人工智能技术进行综合处理,可有效实现智能化的运维和管理。目前,已有许多企业及相关政府部门尝试建立相关系统,开展了智能运维和管理的应用。一般而言,智能运维和管理可分为岗位级、项目级、企业级和社会级四级。

在岗位层级上,可充分应用成熟的工具软件,提升岗位员工的应用体验,聚焦于基础管理环节的应用手段,从传统的工作方式转变为云+端的应用方式,在提高员工工作效率的同时,可实现实时动态更新,进一步便于整体的管理,已有的应用实例如现场视频监控系统、塔吊防碰撞系统、劳务实名制系统、环境监测系统、质量巡检系统、安全隐患排查系统等。在项目层级,将施工及运维过程中的人、机、料、法、环等要素进行实时、动态采集,可有效实现项目协同管理。实现建设、设计、监理、施工、运维多方工作协作,实现模型管理,利用工程型集成技术、质量、安全等业务管理。在企业层级,实现数据自动采集、智能数据分析与预警,利用工程信息集成平台,实现项目过程数据采集、智能的数据挖掘和分析与预警管控,积累企业数据资产,可实现所属项目实时在线监管,动态管理项目施工和运维过程。在社会管理层级,将项目级和企业级智能运维与管理数据和应用进一步连接和扩大,形成市、省级或者行业大数据管理平台,可更好地制定相关政策、法规等,更好地指导实践。

12.3 产业工人

近年来,我国积极探索发展装配式建筑,装配式建筑产业发展方兴未艾。行业内生动力不断增强、产业集聚效益不断显现,部分地区装配式建筑已呈现规模化发展态势,建筑产业现代化迎来蓬勃发展期。

在政策红利下,装配式建筑如雨后春笋般涌现。然而,装配式生产也遭遇到人才瓶颈。据统计,建筑产业化专业相关技术人才缺口已近 100 万人。破解装配式建筑人才短缺难题迫在眉睫。而装配式建筑要实现标准化生产,必须"批量"培养产业工人,这批工人不仅要懂生产,还要向新时代产业工人进军。

从制度体系方面,建议从以下三方面入手:

① 全面深化劳务用工制度改革。对建筑工人实行市场准入制度,通过注册制度强化对建筑工人队伍的能力提升。《建筑工人实名制管理办法(征求意见稿)》明确,到 2020 年,建筑工人实名制将在我国全覆盖。届时,未在全国建筑工人管理服务信息平台上登记,且未经过基本职业技能培训的人员不得进入施工现场,从事建筑活动。

② 构建建筑产业工人培训体系。加强顶层设计,构建建筑产业工人培训和职业资格认证体系。技校联动,保持产业工人培训的常态化、信息化和可操作性、实效性;政府、社会和用人企业多方联合,方可构建完整的社会培训体系,能随时随地为产业工人提供技术服务和支持。

③ 建立建筑工人的社会保障机制。提升建筑工人的社会地位和待遇,享受更好的社会福利。政府相关部门应对建筑务工人员的养老、失业、医疗、工伤等各项保险制订具有可操作性的制度设计,用人企业切实保障其权益。

从产业工人技能培训方面,考虑到传统的现场、手工和高空作业人员向室内、地面、机械化作业产业工人的转型,建议重点抓住以下几方面:

① 加强产业工人队伍组织管理。与传统建筑工人绑扎钢筋、支设模板、浇筑混凝土再装修的施工模式相比,装配式建筑产业工人的操作方式与内容均发生了较大变化,大量现场浇筑作业转移至预制构件工厂完成,把部分现场和高空作业转变为机械化拼装和远程高精度信息化质量控制。因此,装配式建筑的工人组织管理方式将明显区别于传统建筑,需要管理单位重新组织产业化工人队伍关系,建立专业高效的产业工人队伍。

② 加强传统建筑工人向工厂化生产工人的培养,适应装配式建筑工厂化生产特点。发展装配式建筑对于工人的挑战,不是不用人工,而是尽量用机械设备代替人工而节约劳动力,并将更多的劳动力投入操作机器、优化工厂生产线、信息化管理流程控制中,从而提高行业水平与工人素质。因此,就需要在技术控制、机器操作、流程控制、信息化和智能化等方面具有更高的知识与技能,去从事控制性、开创性和调度性更强的智能化岗位。

③ 加强传统建筑工人机械化水平培养,适应装配式建筑现场装配特点。装配式建筑现场由于大部分构件已在工厂预制完成,运至现场固定位置存放,安装时直接吊装即可,因此,现场工人的主要工作就从传统建筑的模板、钢筋、混凝土等作业变为现场大型运输机械调度,现场预制构件堆放及成品保护,吊装机械精度控制,构件定位、就位、安装、支撑及其他相关节点细节处理等。装配式建筑对现场操作工人的机械化水平和信息化水平要求更高,而往往这是当前工人队伍严重缺乏的技能,需要加强培养,完成传统建筑工人工种向装配式建筑现场工人工种的过渡、培养和管理。

④ 加强传统建筑工人"互联网+"培养,适应现代信息化管理需要。建筑行业虽然是一个传统行业,但是现代科技的进步和发展均在建筑行业广泛渗透。当前随着国家大力推动"互联网+"战略,对我国建筑工人的未来发展产生了一系列影响。首先,信息化技术的发展,对于传统建筑业管理产生较大影响,建筑工人劳动方式必然从传统的安装二维"蓝图"施工逐步过渡到按照BIM模型传递的可视化空间位置、材料、安装、时间节点等多维"蓝图"进行施工和控制。这就要求装配式建筑产业工人必须具备一定的BIM基础知识,可以充分认知BIM模型,完成信息更新及上传等基础工作。其次,信息化技术的发展将带来现场管理模式的变革。传统由人工、纸笔和电话管理沟通的方式必然被更高效便捷的管理沟通方式所取代。如自动化建筑放线测绘,借助移动互联技术实现构件高精度安装,利用高效检测技术实现构件安装质量检测。因此,要求装配式建筑产业工人必须具

备必要的信息化管理水平,能够完成数据采集、基础数据库创建、优质建筑材料甄别、质量检测、管理指令接收等项目需要,甚至需要借助"互联网＋"实现建筑现场绿色和"四节一环保"等指标的总结传递和大数据分析。

⑤ 加强产业工人智能化培养,适应建筑业未来智能化发展需求。在信息化技术和人工智能飞速发展的今天,建筑的智能化是现代人工智能的一个重要领域。现代化装配式建筑产业工人也应适应时代需要,关注建筑科技的发展,具备适应建筑智能化的素质,应对未来发展需求。

装配式建筑产业工人的培养已受到政府的高度重视,经人力资源和社会保障部同意,中国就业培训技术指导中心于 2019 年 12 月 30 日发布《关于拟发布新职业信息公示的通告》,其中就包括装配式建筑施工员的新职业。江苏省也开展了装配式建筑相关专项能力(包括 BIM、生产、施工、检测四个方面)培训、考核及发证工作。产业工人应抓住机遇,不断适应产业升级的步伐,不断自我提升,为建筑产业现代化跨越式发展提供高素质的生产力与专业化的生产队伍。

12.4 成本效益

装配式混凝土建筑如火如荼发展的同时,由于技术、管理及政策制度等方面的滞后性或不协调性,导致当前我国装配式混凝土建筑较传统建筑的经济效益优势并不明显,突出体现在建造成本偏高、施工工期优势不明显以及随之带来的效益有限。由于国外早已进入规模化建设,因此成本和效益不再是装配式建筑发展的阻碍,而我国正处于装配式建筑发展的初期,成本和效益的问题已成为企业观望的主要因素。但是,当前对装配式建筑经济效益评价未能充分考虑其质量、环保等全寿命周期因素,也就无法体现预制混凝土技术的天然优势,因此,应注重对装配式混凝土建筑的综合效益的评价,而评价内容一般包括经济效益、环境效益和社会效益三方面。

(1) 经济效益

全生命周期是指从开始到结束的过程所经历的时间,建筑的全生命周期成本(LCC)包括项目前期立项策划、设计、建造、经营与回收整个过程所消耗的总费用。此处主要考虑全生命周期中的建造和使用两个阶段,对应的全生命周期成本包括建造成本和使用成本。

① 建造成本

装配式混凝土建筑的主要标志之一是构配件生产工厂化。装配整体式安装,即指建筑结构或附属构件,在施工以外的地方(通常指预制工厂)提前制作完成,运至施工现场进行总装,因此与传统的现浇建筑成本有所不同。装配整体式建筑承重体系中竖向构件(剪力墙、框架柱、楼梯)采用预制,水平构件(框架梁、楼板)采用叠合形式,隔墙采用预制轻质墙,因此与现浇建筑相对比,增加了预制构件的安装费用,包括安装构件的人工费(计入总的人工费)、安装构件所需的预埋件及连接件等(计入总的材料费)、安装构件的机械费(计入总的机械费)、构件垂直运输所需的费用(计入总的措施项目费)。

与传统现浇建筑成本对比,装配式混凝土建筑在混凝土浇筑量和墙体砌筑量这部分成本明显减少,与之相关的措施费用也随之降低,装饰装修时有些部位无须抹灰,外墙保温与防护层叠合预制,导致成本下降,但由于构配件生产规模及技术等原因,预制混凝土构件本身及安装成本过高,因此土建部分造价中装配整体式建筑较现浇建筑成本有所增加。

② 使用成本

建筑全生命周期的使用成本包括管理成本、运行成本、大修成本、日常维修成本及拆除后的残值。其中大修成本包括防水工程、主体工程大修等,每隔若干年维修一次。日常维修成本包括上下水管道日常维修、电梯维修等。拆除后的残值指建筑达到使用寿命后,可以回收利用的价值。装配式建筑由于采用先进技术和新型材料,其使用成本明显低于传统的现浇建筑。

(2)环境效益

建筑物建造过程和使用年限持续周期较长,在各个阶段都会对环境产生一定的影响,工业化建筑与传统现浇建筑相比显著的特征是,工业化装配式建筑采用部件工厂预制,较大程度上减少了现场作业量,在施工能耗、施工用水、材料损耗及建筑垃圾量等多方面较现浇建筑有很大降低,同时由于采用标准化生产和新型环保材料,质量得到控制,工期有效缩短,能产生较大的环境效益。从装配式建筑相对于传统建筑对环境影响的变化角度出发,全面分析装配式建筑全寿命周期内引起环境变化的量,具体从节能环境效益、节水环境效益、节地环境效益、节材环境效益和环境质量改善(污染控制)等方面进行分析。

① 节能

建筑物能耗包含两个部分,一部分是建造过程中的能耗,例如:施工机械用电量。另一部分是使用过程的能耗损失。工业化建筑采用装配式构件现场组装,所以减少了大量的施工机械用电量,工期缩短后使办公用电、现场员工生活用电减少。由于采用围护结构、各种叠合技术及新型保温节能材料,在使用过程中能降低能耗损失,提高能源使用效率。

② 节水

建筑物建造过程中用水量占总社会用水量的比例较高,工业化建筑采用部件装配式后大量减少了现场的湿作业量,与传统建筑相比施工用水量明显降低。从而也减少了城市给水设施建设费的投入和因缺水造成的财政损失,产生直接或间接的环境效益。

③ 节地

装配式混凝土建筑采用装配式施工,部件由预制厂统一制作完成,现场的临时加工厂、现场作业棚及材料堆放占地指标大大降低;工程完工后,建筑垃圾少,能及时对占地恢复原地貌、地形,使施工活动对周边环境的影响降至最低;工业化建筑的预制构件采用高强度的轻质材料,自重减小,可以通过合理增加建筑层数来增加建筑面积,从而达到充分利用建设用地的目标;采用机械化吊装,现场人员减少,临时办公和生活用房占地面积小、对周边地貌环境影响小,采用多层轻钢活动板房、钢骨架水泥活动板房等标准化装配式结构,减少占地指标,可将减少的占地面积按建筑永久绿化的要求,新建绿化植被;同时工业化建筑质量有保障,建筑的使用寿命和结构耐久性较长,有效减少了建筑用地的占用。

④ 节材

装配式混凝土建筑由于叠合板做楼板底模,外挂板作剪力墙的一侧模板,因此节省了大量的模板。部件及配件预先在工厂进行标准化生产,借助计算机手段准确控制材料用量,材料质量和使用消耗量得到有效控制,最大程度减少了材料的损耗。生产构件的技术工人和吊装工人定期进行培训,技术水平较高,降低了废品率。现场使用成品构件安装,材料消耗量较传统建筑有所降低。

⑤ 环境质量改善

装配式建筑的工业化生产方式具有循环、可持续的特点,原材料的利用率提高,从而减低了碳排放。同时,在施工和拆除阶段,装配式建筑的扬尘污染、建筑垃圾处理以及噪声污染也都较传统建筑减少很多,污染控制效益较为明显。

(3) 社会效益

工业化建筑所具有的社会效益包括微观社会效益、区域社会效益和宏观社会效益。

① 微观社会效益

一方面,节省劳动力。装配式混凝土建筑构件提前预制,现场组合安装,工作量减少,施工方便,节省劳动力资源,采用机械化生产和装配化施工,交叉作业方便有序,生产效率提高。施工现场噪声小,散装物料使用率低,污染物排放量减少,明显改善了现场施工人员的工作环境。

另一方面,提高活动空间安全性。装配式混凝土建筑很多构件工厂化预制,有规范科学流程化的管理,按照标准体系来选择生产构件的原料,对构件出厂前的质量检验进行把关,施工时按照已经建立相应的适合于装配式建筑施工的质量管理责任体系,加之经过专业化培训,技术比较娴熟的生产人员、配套机具和工具,对建筑的质量安全有很好的保障作用。能为人们提供安全、舒适、健康的活动空间。

② 区域社会效益

装配式混凝土建筑既可节约材料资源和能源的消耗,减少建筑垃圾量,减少扬尘和噪声污染,也能催生一些新产业,使经济发展产生一些新动能。改善区域环境,拉动区域经济,提高社区形象和区域精神风貌。

③ 宏观社会效益

加强社会环保意识,改变人们的生活理念。随着技术的成熟、产业化的形成,特别是规模达到一定程度以后,会产生明显的成本优势,成本降低以及良好生活环境带来的心情愉悦和身体健康,对建立和谐社会有积极影响,促进社会协调稳定发展。

能够突破装配式混凝土建筑经济效益桎梏的重要途径是能系统解决技术与管理深层次问题的一体化建造模式。一体化建造理论是建立在"三个一体化"(即建筑、结构、机电、装修一体化,设计、生产、施工一体化,技术、管理、市场一体化)的基础上,强调通过技术集成和管理协同以及技术与管理一体化的协同和融合,实现生产力(技术)与生产关系(管理)的完美结合,从而促进建筑产业现代化发展。其中,基于 BIM 的信息化技术和 EPC工程总承包管理模式是实现装配式建筑一体化建造的必然选择。相信随着装配式建筑的蓬勃发展以及理论研究的不断深入,相关的成本和效益指标将得到更为合理的控制,相关定量评价分析方法也会得到进一步完善,装配式混凝土建筑的技术经济综合效益将进一步突出,发展将更为合理、科学。

　　本章重点从装配式混凝土建筑结构发展趋势、智能建造、产业工人及成本效益方面,对装配式混凝土建筑构件预制与安装技术发展方向进行了展望,有利于读者把握技术前沿,拓展知识领域。

参 考 文 献

［1］严薇,曹永红,李国荣.装配式结构体系的发展与建筑工业化[J].重庆建筑大学学报, 2004,10(5):131-133.

［2］刘长发,曾令荣,林少鸿,等.日本建筑工业化考察报告（节选一）（待续）[J].21 世纪 建筑材料,2011(1):67-75.

［3］刘戈,李楠.装配式混凝土建筑发展及研究现状[J].建筑技术,2020(05):542-545.

［4］李园峰,杨文杰,田磊,等.装配式混凝土住宅建筑设计过程分析[J].建材技术与应 用,2020(03):9-10.

［5］孙雄.试论房屋建筑装配式混凝土结构设计及建造工艺[J].建材与装饰,2019(34): 106-107.

［6］郑佳锌.装配式混凝土结构构件生产和施工关键问题研究[D].广州:华南理工大 学,2017.

［7］方爱斌.预制构件厂厂区规划及生产线工艺布局建设[J].建筑施工,2018,40(12): 2199-2201.

［8］张求武.以合肥亚坤预制工厂规划为例阐述预制工厂建厂流程[J].预制混凝土, 2014(60):50-60.

［9］刘子赓.预制混凝土构件循环生产线工艺布局设计[J].天津建设科技,2014,24(5): 79-80.

［10］蓬永刚,王立,吕荣.预制混凝土构件流水生产线振动设备选型[J].砖瓦,2017(7): 49-50.

［11］中华人民共和国国家质量监督检验检疫总局.通用硅酸盐水泥 GB 175—2007[S].北 京:中国标准出版社,2007.

［12］中华人民共和国建设部.普通混凝土用砂、石质量及检验方法标准 JGJ 52—2006[S]. 北京:中国建筑工业出版社,2007.

［13］中华人民共和国建设部.混凝土拌和用水标准 JGJ 63—2006[S].北京:中国建筑工业 出版社,2006.

［14］中华人民共和国国家质量监督检验检疫总局.混凝土外加剂 GB 8076—2008[S].北 京:中国标准出版社,2008.

［15］中华人民共和国住房和城乡建设部.混凝土外加剂应用技术规范 GB 50119—

2013[S].北京:中国建筑工业出版社,2014.

[16] 中华人民共和国住房和城乡建设部.聚羧酸系高性能减水剂 JG/T 223—2017[S].北京:中国质检出版社,2017.

[17] 中华人民共和国国家质量监督检验检疫总局.用于水泥和混凝土中的粉煤灰 GB/T 1596—2017[S].北京:中国标准出版社,2017.

[18] 中华人民共和国国家质量监督检验检疫总局.用于水泥和混凝土中的粒化高炉矿渣粉 GB/T 18046—2017[S].北京:中国质检出版社,2017.

[19] 中华人民共和国国家质量监督检验检疫总局.砂浆和混凝土用硅灰 GB/T 27690—2011[S].北京:中国标准出版社,2011.

[20] 中华人民共和国住房和城乡建设部.普通混凝土配合比设计规程 JGJ 55—2011[S].北京:中国建筑工业出版社,2011.

[21] 中华人民共和国住房和城乡建设部.水泥基灌浆材料应用技术规范 GB/T 50488—2015[S].北京:中国建筑工业出版社,2015.

[22] 中华人民共和国住房和城乡建设部.钢筋连接用套筒灌浆料 JG/T 408—2013[S].北京:中国标准出版社,2013.

[23] 中华人民共和国住房和城乡建设部.钢筋连接用灌浆套筒 JG/T 398—2019[S].北京:中国标准出版社,2019.

[24] 中华人民共和国住房和城乡建设部.钢筋套筒灌浆连接应用技术规程 JGJ 355—2015[S].北京:中国建筑工业出版社,2015.

[25] 封永梅.装配式剪力墙结构设计与制作安装技术:评《装配式剪力墙结构深化设计、构件制作与施工安装技术指南》[J].混凝土与水泥制品,2020(3):100.

[26] 林伯,熔林舟,吴丹.对预制构件强化生产质量的若干措施探讨[J].现代物业,2019(09):24-25.

[27] 王光炎,庞红梅.装配式建筑钢筋混凝土预制构件制作工艺[J].城市住宅,2017(4):59-62.

[28] 刘备,郭鲲鹏.预制混凝土构件模具的重要性及设计与制作理念[J].安徽建筑,2018(01):306-308.

[29] 江苏省住房和城乡建设厅.装配式混凝土建筑施工安全技术规程 DB32/T 3689—2019[S].南京:江苏凤凰科学技术出版社,2019.

[30] 中华人民共和国住房和城乡建设部.混凝土结构设计规范 GB 50010—2010[S].北京:中国建筑工业出版社,2010.

[31] 中华人民共和国住房和城乡建设部.装配式混凝土结构技术规程 JGJ 1—2014[S].北京:中国建筑工业出版社,2014.

[32] 中华人民共和国住房和城乡建设部.装配式混凝土建筑技术标准 GB/T 51231—2016[S].北京:中国建筑工业出版社,2016.

[33] 江苏省住房和城乡建设厅.装配式结构工程施工质量验收规程 DGJ32/J 184—

2016［S］.南京：江苏凤凰科学技术出版社，2016.

［34］中华人民共和国工业和信息化部.混凝土接缝用建筑密封胶 JC/T 881—2017［S］.北京：中国标准出版社，2018.

［35］中华人民共和国住房和城乡建设部.混凝土结构工程施工规范 GB 50666—2011［S］.北京：中国建筑工业出版社，2011.

［36］中华人民共和国住房和城乡建设部.建筑工程施工质量验收统一标准 GB 50300—2013［S］.北京：中国建筑工业出版社，2013.

［37］吴俊峰.关于装配式建筑施工安全管理的思考［J］.科技创新与应用，2020（10）：191-192.

［38］刘锦铖，陈清锋，赵权威.装配式建筑施工安全管理关键措施研究［J］.项目管理技术，2020（04）：130-134.

［39］黄观阳，吴军.浅析装配式建筑施工安全隐患防控［J］.建筑，2020（09）：76-78.

［40］康庄，等.培育与装配式建筑发展相适应的人才队伍推动建筑业提质增效和装配式建筑健康发展［J］.住宅产业，2019（9）：18-26.

［41］张艺.装配式建筑技术人才和产业工人的培训实践基地思考［J］.教育现代化，2019（83）：29-31.

［42］胡泊，刘冰.基于装配式建筑的成本效益分析模型研究［J］.太原城市职业技术学院学报，2019（5）：166-168.

［43］郭红燕，李胜强，何勇毅.一体化建造模式下装配式建筑经济效益分析［J］.江西建材，2019（9）：198-200.